世界奥秘解码

野人传说的追踪记录
野人领地考察

韩德复 编著

中国出版集团
现代出版社

前言
reface

　　大千世界，无奇不有，怪事迭起，奥妙无穷，神秘莫测，许许多多难解的奥秘简直不可思议，使我们对这个世界捉摸不透。走进奥秘世界，就如走进迷宫！

　　奥秘就是尚未被我们发现和认识的秘密。它总是如影随形的陪伴着我们，它总是深奥神秘的吸引着我们。只要你去发现它、认识它，你就会进入一个新的时空，使你生活在无限神奇的自由天地里。

　　在一切认知与选择的行动中，我们总是不断地接触到更大的境界，但是这境界却常常保持着神秘的特点。这奥秘之魅力就像太阳一般，在它的光照下我们才能看见一切事物，但我们的注意力却不在于阳光。

　　奥秘世界迷雾重重，我们认识这个熟悉而又陌生的世界，发现其背后隐藏着假象与真知，箴言和欺骗，探寻奥秘世界的真相，我们就会在思考与探索中走向未来。

　　其实，世界的丰富多彩与无限魅力就在于那许许多多的难解的奥秘，使我们不得不密切关注和发出疑问。我们总是不断地去认识它、探索它。今天的科学技术日新月异，已经达到了很高的程度，尽管如此，对于那些无数的奥秘谜团还是难以圆满解答。

古今中外许许多多的科学先驱不断奋斗，一个个奥秘不断解开，并推进了科学技术的发展，随即又发现了许多新的奥秘现象，又不得不向新的问题发起挑战。这正如达尔文所说："我们认识世界的固有规律越多，这种奇妙对于我们就更加不可思议。"科学技术不断发展，人类探索永无止境，解决旧问题，探索新领域，这就是人类一步一步发展的足迹。

为了激励广大读者认识大千世界的奥秘，普及科学知识，我们根据中外的最新研究成果，特别编辑了本套丛书，撷取自然、动物、植物、野人、怪兽、万物、考古、古墓、人类、恐龙等诸多未解之谜和科学探索成果，具有很强的系统性、科学性、前沿性和新奇性。

本套丛书知识面广、内容精炼、图文并茂，形象生动，非常适合广大读者阅读和收藏，其目的是使广大读者在兴味盎然地领略世界奥秘现象的同时，能够加深思考，启迪智慧，开阔视野，增加知识，能够正确了解和认识世界的奥秘，激发求知的欲望和探索的精神，激起热爱科学和追求科学的热情。

C目录
ontents

野人出没

　　野人是具有一定智能、直立行走的高等灵长目动物，从古自今，野人的传说不绝于耳。近100年来，从人迹罕至的森林，到白雪茫茫的雪原，到处都有它们的身影。它们为何避居荒山雪原？它们是如何生存的？

神农架的神秘野人

地理位置

　　神农架位于湖北省西部，东与湖北省保康县接壤，西与重庆市巫山县毗邻，南依兴山、巴东而毗邻三峡，北倚房县、竹山并且邻近武当，总面积3253平方千米。辖5镇3乡和一个国家级森林及野生动物类型自然保护区、一个国有森工企业林业管理局、一个国家湿地公园，林地占85%。

北纬30度线

　　神秘的北纬30度线，有着一串串绚丽多彩、摄人心魄的世界自然之谜：百慕大三角、埃及金字

塔、诺亚方舟、撒哈拉大沙漠、珠穆朗玛峰等等，神农架野人之谜也令人注目地串在这条神秘纬线上。

野人之谜，世界许多地方都有报道，但大都渐渐销声匿迹，唯独神农架至今仍然不断有目击野人的消息频频传来，或许是这里的生态环境更神奇，或许是这里的人文关怀更亲切，或许是它们眷顾这片生息久远的故土家园。正是由于它们的眷顾，更为这个地球上最亮丽的风景线平添了几分神秘壮美的色彩。

科学推论

20世纪90年代，中外野考科学家曾作出这样一个推论：神农架是地球上最有可能生存野人的地区。目前，神农架已独有3顶桂冠：中国的"国家级森林和野生动物类型自然保护区"，联合国教科文组织命名的"人与生物圈保护网"，世界自然基金会确认的"生物多样性保护示范点"。神农架是我国唯一以"林区"

命名的行政区，堪称长江、汉江分水岭上特色独具的一片生态区域。

野人之谜

野人到底有没有？这是一个让人迫切地想知道答案的问题。关于神农架有野人出没的文字记载古已有之。即便是在新中国成立以后，至少也有三四百起野人目击事件的发生，但为什么这么多年过去了，野人依然生不见人，死不见尸？

2003年，野人目击事件再度发生。当地电视台在事发之后，第一时间赶到了现场，现场留下的痕迹和野人有无关联？人们收集到的毛发是否为野人留下？冰天雪地里的大脚印又是否真实存在过？

各种媒体和爱好者寻访当事人，请教各方专家，动用先进科技手段，试图揭开野人之谜。就在这个过程中，一个野人的身影闯入了视野，当地人盛传他是野人的后代，而且他的长相和行为都明显地异于常人，这一切是否只是偶然的巧合？这些线索也许指向同一个目标——野人！

在线小知识

　　1997年9月，地处神农架北麓的房县安阳乡有一退休教师赵坦在房县、保康交界处，看见一个野人，他描述说，这个野人"长头发，黑色，披在肩上，脸上没有毛发，看不到耳朵。个子挺高。"

西藏地区发现雪人出没

频繁出现的雪人

1956年，波兰记者马里安·别利茨基专程到我国西藏来考察雪人。他没有多少收获，只是收集到一些故事，并有幸找到一位自称目击过雪人的牧民。这位牧民说，1954年他随商队从尼泊尔回西藏，走到亚东，在一个村旁的灌木林里，看到了一个浑身是毛的小雪人。

1958年，地质学家鲍尔德特神父随法国探险队来到喜马拉雅山考察。在卡卢峰他发现了一个刚刚踩出的足印，长0.3米，宽0.1米，由此判断，那只脚相当大。可是，最终没见到雪人的踪影。

1958年，美国登山队的一个队员在喜马拉雅山南面的一条河旁，看到了一个披头散发正在吃青蛙的雪人。

1960年，一支由埃·希拉里率领的探险队，在喜马拉雅山孔江寺庙发现了雪人的一块带发头皮。

1975年，波兰人组织了一个登山队攀登珠穆朗玛峰。他们在珠峰南面的大本营附近，发现了雪人的脚印。

据说，珠穆朗玛峰附近村庄里一个叫舍尔帕的姑娘，6岁那年，放牦牛时遇到了雪人。

雪人高约2.6米，从旁边蹿出来直奔牦牛，照着它的脖子下面就是一口，血直往外喷。雪人用嘴堵住了咬开的口子，"咕咚咕咚"地往肚子里吸着血。它猛吸了一阵后，可能是牦牛血管里的血被它吸得差不多了，就站起身来。

此时，也许是它还觉得没过瘾，就抡起大手，照着牦牛的脑袋劈去，这家伙也不知道有多大的劲儿，只这一掌，就把牦牛的脑袋劈碎了，脑浆都被劈了出来。出乎意料的是雪人并没伤害小女孩，而是转过身朝着山上的树林走去。

雪人的猜想

有关雪人的传说更引起了世界上许多有志探索其虚实的人的注意。如今发现雪人的地点，不仅在我国西藏，而且在印度、尼泊尔都有许多目击者。

自从1951年，美国艾拔尼斯登山队在喜马拉雅山脉的马哈冰河附近发现雪人的奇特脚印而引起世界轰动

起，至今已有60多年了，可是关于雪人到底是什么样子仍然是一个谜。

专家们根据已掌握的材料推测，认为它可能是以下几种情况：第一，是一种类似人的动物，即属于人类的先祖，因遗留在喜马拉雅山区，适应了这里的寒冷生活而成为雪人。第二，可能是一些原始人，因长期隐居深山之中，漫长的封闭生活使它们退化成一种动物。第三，也许那些雪人并不是类人动物，只是其他动物而已。然而雪人究竟是什么还有待查明。

在线小知识

令全世界为之侧目的雪人经常在隐藏着许多自然奥秘的喜马拉雅山脉一带出没。生物学家、人类学家对雪人的属性尚不明确，不知它是动物学上的新种类，还是人类的祖先。科学家们正努力追寻。

九龙山发现人熊踪迹

人熊的传说

从前，有一个经验丰富的猎手，他在山中遇到人熊渡河，便潜伏起来窥视。过河的是一只巨大的母人熊，带着两只小人熊崽，母人熊先把一只熊崽顶在头上浮水渡河，游上岸后它怕小人熊崽乱跑，就用大石头把熊崽压住，然后回去接另外一只熊崽。

潜伏着的猎人趁此机会把被石头压住的小人熊捉走了，母人熊暴跳如雷，在河对岸把另一只小熊崽拉住两条腿一撕两半，其生性极其凶猛。

野人标本

1979年8月，当丽水地区科委组织自然资源调查队在九龙山区进行综合考察时，听到群众关于人熊的种种传说，考察队在山上还发现了一些奇怪的窝和较大的脚印，于是，增加了调查人熊的项目。

在调查过程中获知，1953年，水南乡清路岔村妇女徐福娣曾

打死一只企图侵犯她女儿的人熊，还砍下了怪兽的手脚，后来这副手脚被一个中学教员索取，做成标本保存下来。

1980年，几经周折，终于在遂昌西屏镇第一中学的贮藏室里找到了尘封20多年的标本。这副浸制标本可算是中国野人考察活动中除毛发外所获得的首份直接证据，这个消息一经发表便引起轰动。

有关专家于当年12月追踪到现场进行考察，访问当事人及目击者，并对手脚标本进行多方面的详细研究，还与各种猴类、猿类及人的手脚标本进行对比。得

出结论，它属灵长类，但绝不是野人的，也不是猿的，而是一种当地尚未见记录的大型短尾猴类。

它的平均身高可达1.2米，体重25千克至30千克，跟国内已见报道的短尾猴类在某些形态细节上略有区别。而与安徽黄山上尚未见正式报道的黄山短尾猴相似，据推测可能是同一类型的短尾猴类。

虽然解决了这个有手脚标本实物的人熊的属性问题，但群众所称高约两米、脚印巨大的人熊，还有待进一步考察和澄清。

罗布泊的人熊

1983年古人类及"野考"专家周国兴沿天山南麓几个著名城镇考察，发现几乎所到之处在历史上均有野人的记载和传说。

周国兴了解到，1959年10月，在苏联塔什干出版的一期《科学与生活》杂志上，曾刊发一篇《有没有野人？》的文章。

该文记述，1957年，时任新疆维吾尔自治区主席赛福鼎在与

前苏联专家交谈时，提及有一个维吾尔族农民，在罗布泊地区曾猎获一个能够双脚直立行走、毛呈棕色的人熊。他将人熊皮剥下后带到库尔勒，赠给了州长。

人熊是棕熊吗

素有"世界屋脊"之称的西藏是全国熊种最丰富的地区，这里有3万多只棕熊、黑熊生活在海拔4000米以上的雪域高原。因此，有人认为喜马拉雅山区所谓的野人就是棕熊。

棕熊体形健硕，肩背隆起，粗密的皮毛有着不同的颜色，例如金色、棕色、黑色和棕黑等。

到了冬天，皮毛会进一步长长，最长能到0.1米，到了夏季则重新变短，颜色较冬季的深。

有些棕熊皮毛的毛尖颜色偏浅，甚至接近银白，这让它们的身上看上去披了一层银灰色。棕熊体型较大，公熊体重300

千克至500千克，母熊则通常只有公熊的一半。

棕熊前爪的爪尖最长能到0.15米，不过比较粗钝。棕熊的嘴部比较宽，有42颗牙齿，其中包括两颗大犬齿。和其他熊科动物一样，它们也是跖型动物，并长有一条短尾巴。有些棕熊被毛的毛尖颜色偏浅，甚至近乎银白。

棕熊能像人一样双脚站立起来观察周围的环境，并在树丛中行走，直立时身高能达到1.7米至2.8米。

棕熊虽然体形庞大，但通常都比较胆小，有时一个普通人就能吓走它们。

然而，也正是棕熊的胆小，常具有攻击行为。当棕熊受到惊吓时，往往会发动疯狂的攻击，尤其是带着小熊的母熊。

另外，捕猎、争抢其他猛兽的食物时，或者交配季节的公熊都会比平时更加富有攻击性。

棕熊肩背上隆起的肌肉使它们的前臂十分有力，一只成年的棕熊，前爪的挥击可以击碎野牛的脊背，而且可以连续挥出好几下，可见它有多么恐怖！

棕熊外表虽然笨重，但它们奔跑的速度却可达到每小时五六千米，由于耐力甚好，它们可以用这样的速度连续奔跑几十千米。

此外，棕熊还是一个模仿能力很强的动物，特别是它模仿人的样子极为逼真。

如棕熊能模仿人挥手打招呼的动作，有时它会头顶牛粪，在远处挥手，吸引牧童，远远望去仿佛是一个戴着圆帽的人在打招呼，但走到近处才发现原来是棕熊。

从棕熊的种种生活习性上来看，其确实有与人熊相似的地方，但如果说棕熊就是人们所说的野人还需要一定的证据。

在线小知识

1976年5月14日凌晨，中国科学院古脊椎动物与古人类研究所人员发现一奇异动物，它浑身红毛，脸成麻色，嘴略突出，耳大，额有毛垂下；腿粗长，脚毛发黑；无尾，体重在200斤左右。

太白山上出现野人踪迹

太白山野人传闻

太白山国家级自然保护区位于秦岭西部，地处陕西省宝鸡市的太白县、眉县和西安市周至县三县交界处。

太白山为秦岭山系的最高地段，主峰拔仙台海拔3767.2米，是我国大陆东半壁的最高山峰。保护区地处秦岭山脉中段，是华北、华中和青藏高原三区生物交汇过渡地带，区内动植物资源丰富，植被垂直分布明显。

植物有2000余种，国家重点保护植物有连香树、水青树、星叶草、太白红杉等21种；动物有270多种，国家保护动物有大熊猫、羚牛、豹等20多种。

关于太白山野人，太白山自然保护区管理处编著的《秦岭主峰·太白山》一书这样介绍："近几年来，据当地群众报告，太白山东侧的一些地方，曾出现过野人，这更加引起生物学界和人们的极大兴趣。"

太白山是东、西太白山及其间的主脊跑马梁与一系列南北延伸的峰岭和深切河谷的组合体，由主脊和南北延伸的峰岭构成太白山的骨架，海拔多在2600米以上。

从构造成因上看，它是一个断块山地，太白山占据了太白断块的主体，其主峰拔仙台是我国大陆东半壁的最高峰，其海拔比北部的关中渭河谷地高3000余米。

太白山顶面微向南倾。东西长，南北极窄；北坡极为陡峻，多峡谷或障谷。这种地势是适合灵长类动物隐藏的最佳地点。

从直接或间接目击者提供的地点厚畛子、荒草坪、跑马梁、架沟来看，都在太白山东南侧一带。出处与书上记载极为接近。

从气候条件来讲，太白山自然保护区地处中纬度地带我国西北部的暖温带南缘，在这一地区冬季盛行偏北、西北气流，寒冷而干燥，降水偏少；夏季受西南及太平洋暖湿气流影响，气候炎热湿润；春秋季处于冬夏季的过度期，气候变化较大，四季分明。

7月至9月降水量较多，约占全年降水量的50%，有利于植物生长，属典型的内陆季风气候区，比较适合动植物生长。

从目击者的职业来看：采药者、猎人、伐木工，极有可能在意外之间与野人遭遇。深山里狗熊、豹子、野猪都是令人可怕的野兽，为什么要讲出一个与野人相遇的经历来呢？

目击者互不相识，时间不同，而看到的野人特点、地点却极为接近，这便增加了太白山存在野人的可能性。

遇到死野人

1940年秋，山东省徐州市王泽林先生在黄河水利委员会工作，曾和同事们乘汽车由宝鸡去天水。起程不久，传来枪声，众

人以为土匪劫路，便一直朝前冲去。

大约行驶了10多分钟，只见公路上站着一群人，众人下车询问，原是当地群众打死了野人，死野人停放在公路边。

据回忆说：野人个子很大，约有2米左右，全身都是黑红色，毛发又厚又密，有一寸多长。

当时它面朝下卧着，车上有好事者把它翻转身来看，原是一个母的，腹部毛色较浅，呈红色，两个乳房很大，乳头较红，像是刚生过孩子不久，还属哺乳期。

头部看起来比普通人的大不了多少，面部毛较短，脸很窄，鼻子被毛盖着，只露两只眼睛，颧骨突出。因此眼窝显得很深，嘴唇前突。头发较短，只有一尺，长发披肩，形象极似猿人的石膏模型。

野人的两肩很宽，约0.8米至0.9米，手和足有很明显的差异，手心、足心没有毛，手指和指甲都很长，脚有一尺多长，脚

掌有六七寸宽，足趾向前。

据当地人说："发现这野人已有一个多月，野人力气很大，登山如履平地，一般人追赶不上它。它没有语言，只会嚎叫。"

王先生是学生物的，根据当代对野人考察所得的资料仔细对照，发现其特点为长发披肩，眼深唇突，身材瘦长，乳房下垂，尤其手足间有明显差异，能够健步疾走，已远远超过了类人猿的形象。

有待调查

对于太白山自然保护区有野人的说法，该自然保护区管理局副局长另有说法。他认为，"保护区于1965年经省政府批准建立，1986年晋升为国家级保护区，主要保护对象为森林生态系统和自然历史遗迹。他们的工作人员大部分时间在山上，跑遍了保护区内的山山岭岭，在长达40多年的考察保护过程中，也听说过野人的事，但都没有见过，看来野人之事可能只是一个传说罢了。"

到底是前人的说法正确，还是这位副局长的说法有道理，看来还需要更多的证据才能证明。相信有一天能够使太白山的野人之谜大白于天下。

神农架的生态系统一直是连续的，它等于是在中国的一个生物走廊，我们说的神农架是一个狭义的神农架，实际上神农架应该看成是广义的神农架，神农架代表的是大巴山和秦岭太白山。

美洲野人大脚怪

大脚怪的传说

在北美地区一直流传着关于大脚怪的传说，据说这是一种类似猿猴的巨型怪兽，浑身长满长毛，身高超过两米，印第安人将之称为"沙斯夸支"，也就是大足野人的意思。尽管只是一个传说，但很多人却相信大脚怪真的存在。

后来有人在加拿大育空地区发现了一撮神秘的毛发，他们很兴奋地认为找到了大脚怪存在的重要证据。

美国一位名叫伊凡的伐木工人，曾拍摄了一部关于野人生活习性的电影，引起了人类学家的高度重视和社会的轰动。

许多人成为自愿的野人研究者，他们互相传递有关野人的活动信息，竟然发现了许多野人及其足迹，甚至有的自愿研究人员还与野人搏斗过呢！野人的出现引起了大家极大的兴趣。

据说加拿大人奥斯曼在深山淘金时，被美洲野人大脚怪挟持到山洞，一个礼拜后，他才伺机逃回。美国伐木工人哈特费尔在1962年与一个2米

多高的丑陋野人相遇，彼此都吓了一跳。

1967年，约翰追踪到一个一家3口的野人：它们雄壮肥大，当时正在挖老鼠吃。

神秘动物

发现大脚野人的目击者是一个爱好旅行的家庭，他们徒步在缅因州积雪覆盖的森林中行走，突然在树上发现一个类似猿猴的神秘动物安静地栖息在树枝上，这个庞然大物不禁让他们心里一惊。在此之前，缅因州也曾盛传多个发现大脚野人的目击事件。

据了解，美国缅因州过去曾盛传多起大脚野人目击事件，多数的大脚野人目击事件都出现在森林之中，尤其是北美洲太平洋西北部最多。

过去曾报道过的大脚野人虽然陆续被揭示是一些骗局，或者是某些人的恶作剧，但大脚野人仍是一个谜团，让人们产生了无限遐想。

据英国《每日邮报》报道，美国缅因州东北部1月份是非常寒冷的，但近期美国一对夫妇在自家院中拍摄到一个神秘动物，这段神秘的大脚野人视频，却让缅因州变得十分神秘、异常"火热"。

在美洲大陆西北部的深山老林里，生活着一种体形高大健壮、力大无比的动物，人们称之为大脚怪，它们浑身长毛，长臂，与人相像，但很笨拙，活动也无组织。

英国版的大脚怪

发现神秘大脚印

　　英国肯特郡的助产士安·洛维特与她的丈夫、工程师菲利普，双双来到柏林顿地区的澳肯班克莱恩镇，去探望70多岁高龄的舅舅。

　　当天傍晚，当他们在乡间小径上散步时，47岁的安·洛维特突然在一块松软的土地上，发现了一个巨大无比的大脚印，大约0.15米宽，0.25米长。看到如此巨大的大脚印，这位两个孩子的母亲吓了一大跳，简直不敢相信自己的眼睛。

　　心有余悸的安·洛维特回忆说："我们从小就居住在这里，

经常在田野里散步，由于周围都是深山老林，曾经见过许多动物的脚印，但却从来没见过这么奇怪的大脚印，简直是大得惊人！"

一只绵羊被撕成两半

出于好奇，他们拿出随身携带的相机，拍了一张大脚印的照片，但再也没有去多想。直至第二天凌晨，一些来布赖恩私人乡村别墅度假的客人离开后，他们才开始对那个大脚印产生浓厚的兴趣。

布赖恩老人说，那些客人向他抱怨，大约在凌晨3时左右，农场的一个角落传来了野兽的咆哮和撕咬的声音，听上去十分恐怖，吓得很多人彻夜未眠。闻听此言，布赖恩也感到不可思议，于是就与家人来到事发地点探查究竟。

惊恐万状的布赖恩描述说："当我们走到那里查看时，发现一只绵羊竟然被残忍地撕成了两半，尸体残缺不全，一部分皮肉似乎被怪兽吃掉，现场简直是惨不忍睹！我们从来没有见过这样的怪物，有人怀疑那可能是传说中的大脚怪，但没有人看到怪物的身影。"

可能是英国版大脚怪

英国动物专家威克·巴洛研究这个大脚印的照片之后，认为那可能是一只体型庞大的野兽。然而消息传开后，当地英国人纷纷猜测，那个神秘的怪兽有可能是传说中的英国版的大脚怪。

为了证实这种猜测，许多富有冒险精神的英国人开始进入周

围的深山老林，四处寻找这种被认为是大脚怪的野兽，但迄今为止仍未发现那个怪物的踪迹。

柏林顿地区的澳肯班克莱恩镇到底有没有怪物，那些大脚印又是怎么回事？

看来，这些问题只有发现更多的证据才能回答。

帕米尔高原野人出没

目击事件

1906年，有位名叫巴拉金的俄国探险家，在一次到中亚的考察中曾见到一个毛茸茸的类人物种，它被认为是由学者首先亲眼见到的帕米尔高原上的野人。

1925年，一支苏联军队追击白匪，通过帕米尔地区时，在深山里突然发现一排奇怪的足印。他们寻踪而至一个山洞中，发现里面藏着一个与人很相像的奇异动物，受到惊吓的士兵开枪打死了它，军医对它作了体检，然后将其埋入石堆中。

1937年，有人在帕米尔利用苹果树边的陷阱，捕获了一个活野人，好奇的人们给它穿上了衣服，但它一直不吃东西，眼看到它快要饿死了，人们只好放走了它。

1941年，一位名叫维·斯·卡捷斯蒂夫的苏联军医在帕米尔一个小山村里捉到一个浑身是毛的怪物，它不会讲话，只会咆哮。后来边防哨所的卫兵将它当成间谍杀了，这令军医很伤心。

1953年，我国新疆塔什库尔干马尔洋公社三大队的萨普塔尔汉骑驴下山，走着走着突然驴子受到惊吓，原来在前方草地上有一身披黄毛的类人生物，并且发出类似口哨的声音。萨普塔尔汉回村后，将此事汇报给县公安局。在随后的调查中，发现了该毛野人遗留在现场的脚印，根据判断它是朝雪山方向走去的。后来此事在当地流传很广。

据苏联《共青团真理报》报道，1957年8月10日，彼得格勒大学的水文专家普罗宁在帕米尔考察时，先后两次目击到浑身披毛的人形动物，这种人形动物脸成麻色，脚毛发黑。

1958年1月29日《北京日报》发表了八一电影制片厂导演白辛题为《我所知道的雪人》文章，文中提到他们在帕米尔高原工作时遇到两个类人动物的情景，遗憾的是白辛并未追上它们看个究竟。

在帕米尔高山群中的萨南冰川和附近盖满石头的山坡中充满了大脚野人的传说。1981年人们在此发现了两个野人的足印，并将其制成了足印模子。

面部特征

近百年来，几乎从世界各大陆不断传出发现野人的报告，其中包括帕米尔高原地区，是野人出现最为频繁之处。在帕米尔，

人们对于野人的描述不尽相同，好像是两种不同的物种，其中有一类应属人科，按照有关报道的描述，很像是属于喜马拉雅雪人的范围。

它的面部特征是：黑眼睛，牙齿较长，形状与现代人牙相近，前额倾斜，眉毛很长，凸出的颚骨使其面部类似于蒙古人，鼻子低平，下颌宽大。

在帕米尔，人们对于野人的描述不尽相同，按照有关报道的描述，很像是属于"喜马拉雅雪人"的范围。

在线小知识

居住在喀什地区帕米尔高原的塔吉克族人把传说中的野人叫作"牙瓦哈里克"，而维吾尔、柯尔克孜人则称其为"雅娃阿丹姆"。生活于这里的哈萨克族则有在此发现雪人的诸多记载。

29

阿尔玛斯及周边的野人

阿尔玛斯的传闻

有关阿尔玛斯的传闻不仅仅是神话故事，因为有很多目击证人和已经发现的足印能支撑这种传闻。甚至还有古人类学家推论，亚洲的阿尔玛斯可能是欧洲的尼安德特人的遗族。

关于阿尔玛斯的传说最早可以追溯至几百年前。对阿尔玛斯的素描手稿还曾出现在一本藏药药典中。

英国人类学者玛雅·沙克里称，该药典囊括了各种各样的动物插图，包括爬行类、哺乳类、两栖类等。但与同类的中世纪欧洲插图绘本不同的是，该药典中未出现过任何神话中的生物，并且其中提及的几乎所有动物都存续至今，这似乎可以证明阿尔玛斯也是一种真实存在的动物。　在一部18世纪末出版于北京的古老的人类学著作中，蒙古的野生动物得到了系统的描述。其中对"阿尔玛斯"的描写较为详尽："野人"直立行走，站在一块巨石上，一支臂膀举起；除双手、双足以外，全身几乎都长了毛。书中把"阿尔玛斯"称作"人兽"。

二战时期捕获的野人

1941年，当时正是德国入侵苏联后不久。驻扎在高加索地区的苏联红军捕获了一个阿尔玛斯野人，他的外形像人，但浑身长满细长的黑色毛发。

审讯后发现他不能说话，或者他不愿意说。后来，这个野人

被德国间谍射杀。这个故事还有其他几个版本，但和其他有关阿尔玛斯野人的传说一样，因为缺乏证据而无法追溯。

目击事件

13世纪初，有个名叫卡尔庇尼的意大利人称他在蒙古沙漠上发现了一种"野人"。按照他的描述：这种生长在冰雪之中的人不会说话，全身有毛。

1904年4月，俄罗斯旅行家布·巴拉金的骆驼商队正行进在阿拉山干枯的沙漠里，太阳落山时他们发现夕阳下有个毛发人站在沙丘上。他有点儿像一只弯着腰、垂着长臂的猿，当他发现了商队后，便一转身消失在起伏的沙丘后面。

巴拉金这个记载直到50年后，才被著名蒙古学者日阿姆查拉诺重新发现。他对蒙古的"阿尔玛斯"进行了近半个世纪的追踪研究，结论是阿尔玛斯目前正在日益减少，甚至已濒临灭绝。

日阿姆查拉诺教授去世后，著名语言学博士林干教授和他的助手又接续了他未尽的事业，他们访问了一些在戈壁滩居住的目击者，那些戈壁居民说"阿尔玛斯"很像人，不会说话，遍体覆盖着一层红褐色的毛发，身高像蒙古人，背有点驼，走路时膝盖部分是半弯着的，颌骨很大，前额较低，眉弓突出。

阿尔玛斯传说

1937年，蒙古人道尔基在戈壁的一个僧院里，意外地发现了一张"阿尔玛斯"的皮，这张皮保存得非常完整，各个部位和人类基本一样，这也证明了这种神秘的类人动物是存在的，据有关的报道，"阿尔玛斯"有躲避人类的倾向，喜欢夜间行走。但高加索最东部的阿尔玛斯与人类相当友好。

据俄罗斯人类学家称，"阿尔玛斯"的眼窝上骨及颅骨后部形状与尼安德特人头骨有相似之处。

有些学者认同这一观点，而有些学者却持反对观点，至于是不是野人，还需要有力的证据。

返祖现象

但是，可以确信的是，阿尔玛斯野人和喜马拉雅雪人为同一类，更接近于类人猿；也有学者认为，包括阿尔玛斯在内的所有野人是天生的返祖现象或智力障碍者，所以被驱逐出人类社会。

而大多数科学家则相信，所有野人只是神话中的生物，因为迄今为止尚无任何确凿的野人证据被发现。

在线小知识

尼安德特人是著名的原始人类。科学界通常认为，尼安德特人从几十万年前就开始生活在欧洲大陆和亚洲的一些地区，并于距今约3万年前灭绝。尼安德特人属于人类历史上灭绝的旁支。

阿尔玛斯野人目击记

阿尔泰山的阿尔玛斯

15世纪初期，德国巴伐利亚有一位贵族汉斯·西尔伯格尔，曾在一次战斗中被土耳其人俘虏，后被送往游牧部落中，充当了蒙古王子的一名侍从。

有一年，他随王子来到阿尔泰山西端探险，当地居民告诉他们："在山脉的下面是一片连绵不绝的荒原，因为到处是蛇和虎，没有人敢在那里生存，只有野人'阿尔玛斯'混迹其中，而它们除了脸和双手之外，全身都长着毛。它们主要以食草和树叶为生。"

为了表示对探险队的欢迎，当地的首领将在丛林里捉住的一对"阿尔玛斯"献给了王子。

1427年，西尔伯格尔逃回了巴伐利亚，他将以上见闻记入了自己的探险游记中。这大概是有关阿尔泰山"阿尔玛斯"的最早文字记载。

此后，历史上一些喇嘛用于宗教仪式的绘画上也有"阿尔玛斯"的形象。

目击事件

1963年，苏联一位医生依弗罗夫在阿尔泰山旅行时，曾碰见疑为一家3口的"阿尔玛斯"。

当时，它们正站在一面山坡上，双方距离200米，医生用一

架自带的双筒望远镜仔细地观察这奇特的一家，一直看着它们走远，渐渐消失在山沟中。

后来医生了解到人们曾经在此还见过涉水过河的"阿尔玛斯"。至今在我国新疆北部火焰山附近也有一处叫"阿尔玛斯"的地方，说明过去这里曾经有野人出没。

对它的描述，来自于不同的记载，它们的身高与当代蒙古人的高度相似，它们的双足稍有点内弯，屈膝行走，但跑得很快；它们的上下颌很大，下巴向后缩，眼框骨与蒙古人相比显得非常的突出。

冰川上出现阿尔玛斯

1998年7月，英国人朱利安·弗里艾特伍德率领一支远征队进入蒙古探险，在亚历山德若夫的雪山上，发现一长行大脚印，他们分析后认为这是传说中的雪人留下的足迹。

朱利安·弗里艾特伍德当时拍摄了脚印的照片，由英格兰若干所名牌大学的专家教授作进一步研究。为显示脚印的尺寸，朱

利安用冰镐放在其中一个巨大的脚印上，并拍了照片。

专家的研究

专家们看了照片后，都同意被传说几百年的雪人看来确有其事。这种雪人或许与北美发现的野人有亲缘关系。

著名登山运动员克里斯·波宁顿说："以往人们确曾目睹两腿站立的雪人，现在又有照片为证，无人可否认雪人存在了。但在提出实物验证前，如雪人骨头或尸体等，上述说法仍欠缺一定的说服力。"

牧族人证实

在离开营地返回英格兰前，朱利安曾找当地一个哈萨克游牧族人证实他们的看法，结果被告知远征队当时扎营处正是雪人常出没的通道。

那位游牧民说，4年前他曾在近距离内与一雪人相遇，后来雪人逃跑了。

他形容自己看到的雪人时说，那个雪人高大，仝身毛茸，没穿什么衣服，就像一只猿猴。

他还说，雪人通常喜欢在冰川中行走，并以野羊和山坡地处的植物为食。至于雪人住在什么地方，怎样生存，与什么为伴，他则表示自己并不清楚。

著名蒙古学者日阿姆查拉诺最新发现，"阿尔玛斯"很像人，不会说话，遍体覆盖着一层红褐色的毛发，身高像蒙古人，背有点驼，走路时膝盖部分是半弯着的，颌骨很大，前额较低，眉弓突出。

日本出现的赫巴贡

比婆怪兽的出现

1970年的夏天，位于日本广岛县东部、岛根县和鸟取县县界附近的比婆邵西城町，有容貌奇异，似类人猿生物出没的传言。

同年的7月20日20时左右，30岁的丸崎安孝先生也曾见过一样跟小牛般大小，容貌像大猩猩的怪物。这一年里，一共有12件目击怪物事件的报告。

1974年的8月15日，比婆怪兽终于被居民摄下身影。在那天8时多，住在比婆郡比和町的三谷美登，驾车奔驰在庄原市浊川町。突然，车道前方出现奇特的物体，他即时紧急煞车，三谷凝视着那个物体，全身覆盖着

毛发，但那不是猩猩，看起来更接近人类。三谷立刻拿出照相机，踩下油门前进，当距离怪物约40米时，怪物也察觉有车子靠近，它回头了。刹那间，怪物跳上了田间小道，蹿进柿子树林里去了，三谷也不服输，停车追赶而上，当怪物和三谷距离七八米时，三谷拿起照相机，以颤抖的手指按下了快门。但是怪物很快地又逃往树林深处，三谷只好放弃追赶。不过，三谷却成功地拍到了两张照片，而且，冲洗出来的照片，的确出现全身覆盖着毛发的怪物。

遇到怪物

在当日清晨6时40分左右，居民开着卡车回家途中，在山野町田原的县道上，也看到了好像穿着黑色外套的怪物。当开车接近它时，他仔细一看，那怪物全身覆盖着灰褐色的毛，肌肉结实，手臂很长，而面貌则像猴子，但更接近大猩猩，可是，感觉上它不是大猩猩，是一种难以形容的怪物。

野町田原证明说，怪物身高大约1.5米，脸黑黑的，只有腹部没有毛发。双方对视了1分钟左右，怪物立即转身往县道走。柴田发现，怪物一跛一跛地走向5米以下的原谷河，横越河流，消失在山中了。

在线小知识

1982年5月9日，日本两名少年在广岛县，看到了近似比婆怪兽、山怪的怪物，因为在久井町发现，所以也称为久井怪兽。有人推测，那是大猩猩，不过，目击者都不同意这种说法。

与猩猩玩耍的小野人

活捉小野人

1978年，在塞拉勒窝内的边远地区斯耶尔拉·列奥纳，垦荒的农民们发现一个野人正在与黑猩猩玩耍。看见了人，黑猩猩逃之夭夭，野人却被逮住了。农民们把她丢进网兜里，带了回来。这个小野人不会说话，只会像黑猩猩那样"咕咕呀呀"地嘟哝。

人们给小野人起了个名字叫贝比·霍斯皮塔尔，并用铁链锁住它的脚，把它拴在后院里的小板棚里，每天喂它吃些面包和粥。这样的生活维持了4年，直至1982年地区的巡回医疗队来到村里，它才被带到地区医院进行治疗。其实，在安娜医生研究的在野外发现的孩子中，与孩子待在一起的有各种各样的动物。除了猿猴、猩猩以外，还有豹子、狼和熊。安娜认为，这些孩子被野兽带大是肯定无疑的。她认为，一个成年人在野外单独生活已是十分困难，更不用说是孩子！那么，野兽为什么要抚养孩子呢？安娜以为这主要是出于动物的母爱。这些动物或是刚刚丧失了自己的孩子，或是因为乳房肿胀需要吮吸，因而就当起孩子的"养母"。

被野兽带大的孩子

一些科学家表示不同意安娜的观点，他们认为孩子失踪的原因各异，应该作具体分析。就说伊米亚季，她是翻船以后失踪的。那么贝比·霍斯皮塔尔呢？还有著名的"印度狼孩"阿玛拉

和卡玛拉呢？他们的情况全不一样。以"狼孩"阿玛拉和卡玛拉为例，人们认为她们是狼抚养大的人，都说她们的习性乃至形态都变得像狼，像狼那样舔水，吞食生肉，在地上爬行，在黑暗中眼睛能像狼那样闪闪发光。

而反对者则认为，人要做到像狼那样舔水是很困难的。因为人的舌头太短，用舌头舀水实际上是不可能的。还有，人的体表长有汗腺，而狼则没有汗腺，要想让人也像狼那样在夏天不出汗也是十分困难的。

再有，狼习惯了夜间活动，眼内生有一种特别的反光层，能在晚上闪闪发光，而人没有这种反映层，又怎么能像狼那样闪闪发光呢？因此，他们认为贸然下结论，认为在兽穴附近发现的，或是和野兽同时发现的孩子就一定是由野兽抚养大的这种说法是不科学的。但是，说这些孩子不是由野兽带大的，那又是由谁带大的呢？

在线小知识

统计表明，截止20世纪50年代末，世界各地已有30个小孩是在野外长大的，其中20个为猛兽所抚育：5个是熊，1个是豹，14个是狼哺育的，这些野兽养大的孩子，最著名的就是印度狼孩。

野人追踪

　　频频来访的神秘来客引起了人们的好奇，也给人们带来了恐慌，并由此引发了人与"野人"的殊死较量。当然，更多的是引起了人类对这种生物的兴趣，陆续有人开始追踪这种生物，研究这种生物。

传说中的红毛怪物

突然发现怪物

1915年，神农架边缘地带的房县有个叫王老中的人以打猎为生。一天，王老中进山打猎，中午在一棵树下休息，不一会就迷迷糊糊地睡着了。朦胧中听到一声怪叫，睁眼一看，有一个2米多高、遍身红毛的怪物站在眼前。王老中惊恐地举起猎枪……

被怪物带回山洞

王老中迷迷糊糊中，只感到耳边生风，没想到红毛怪物奔跑的速度非常快，瞬间跨前一大步，夺过王老中手中的猎枪，在岩石上摔得粉碎。然后，把吓得抖成一团的王老中抱进怀中飞跑。红毛怪物不知翻过多少座险峰大山，最后爬进了一个悬崖峭

44

壁上的深邃山洞。王老中渐渐地清醒过来，这才看清这个怪物原来是个女野人。白天，女野人外出寻食。临走的时候，她便搬来一块巨石堵在洞口。晚上，女野人便抱着王老中睡觉。

一年后，女野人生下一个小野人。这个小野人与一般小孩相似，只是浑身也长有红毛。小野人长得很快，身材高大，力大无穷，已经能搬得动堵洞口的巨石了。

想方设法逃回家

由于王老中思念家乡的父母和妻儿，总想偷跑回家，无奈巨石堵死了他的出路。因此，当小野人有了力气后，他就有意识地训练小野人搬石爬山。

一天，女野人又出去寻找食物，王老中便用手势让小野人把堵在洞口的巨石搬开，自己爬下山崖，趟过一条湍急的河流，往家乡飞跑。就在这时，女野人回洞发现王老中不在洞里，迅速攀到崖顶嚎叫。小野人听到叫声，野性大发，边嚎边往回跑。由于小野人不知河水的深浅，一下子被急流卷走。女野人悲惨地大叫一声，从崖顶一头栽到水中，也随急流而去。

已不成人形的王老中逃回家中，家人惊恐万状，竟不敢相认。原来他已失踪10多年了，家人都认为他早已死了。

在线小知识

神农架山比较高，气候比较冷，变化比较多。当冬季到来的时候，怕冷的动物可以往海拔较低的地方去。因为上面冰天雪地，下面还是郁郁葱葱。

神农架再现野人踪迹

野人踪迹再现

2001年10月3日，从湖北神农架林区传来了消息，几名旅游者声称在神农架林区猴子石一带目击到了被当地群众称为野人的奇异动物。

第二天，一个由中国科学探险协会奇异动物科学考察委员会秘书长王方辰、中国科学院古人类研究所袁振新教授、北京师范大学生物系教授娄安如组成的考察小组赶赴神农架，会同驻守在当地的考察队员张金星，在神农架林区的一个旅馆里找到了当时的几位目击者。

经了解得知，在距离几百米远的地方，几个目击者不仅看到了一个两脚直立的大型人形动物，而且用自己的照相机拍了照，已拿去冲洗。

新发现尚难定论

目击到奇异动物的旅游者，虽把照片冲洗出来了，但很遗憾，由于相机的关系，照片上很难看得清楚。他们到底看到了什么？会不会看花了眼，把人或其他动物误看成了野人？专家们和目击者一起来到现场作进一步的考察。

在现场，根据野人出现的位置，专家们让目击者上去进行比较。经过比较，目击者再次证实，看到的确实不是人，而是一种两脚直立的大型动物。为了能够再次亲眼目睹，考察小组和目击者一道，向山坡上奇异动物出现的地方进发。就在距离奇异动物现身处200多米的地方，专家们找到了脚印。

专家发现，这是一只右脚脚印，脚趾在里头，印子还蛮新鲜。经勘察，发现的脚印是一种叫苏门羚的羚羊留下的。接着，专家们在距离脚印不远的地方、一个动物躺卧过的地方发现了动物毛发。专家们对毛发进行了观测，初步认为这几根毛发是羚羊留下的。

但根据目击者的叙述，他们看到的绝不可能是羚羊，而是高两米以上、两脚直立的动物。它到底是什么呢？专家们在距离奇异动物现身处方圆几百米的地方继续寻找着。

发现睡窝

在野人现身处的背后山坡下200多米的地方，专家们在一处背风的巨石后面有了新的发现——睡窝。

这是一个高达两米以上的动物睡卧的地方，与目击者叙述的体形高度完全相符。这个深藏在神农架箭竹林中的睡窝，是用箭竹柔软的上部铺成。

经鉴定，已知的高等灵长目动物均不可能达到如此高的工艺水平，而猎人非但不敢孤身光顾于此，也绝不会做得如此粗糙，更不会在周围不留下任何痕迹。

发现粪便

在离睡窝不远的地方，专家们又发现了动物留下的粪便。这几处粪便都是一种动物分几次排泄的，而且相对集中，绝对有别

于一般的动物排泄方式。

专家发现，有大便的地方跟睡窝都离得很远，因为这些大便跟人的大便一样特别的臭，所以它要离它的窝远一点，别的动物不这样。

专家们决定把采集到的粪便带回北京作进一步的鉴定，一是研究这种奇异动物的食性，二是看看粪便中是否有血小板等可以做ＤＮＡ检测的物质，从而证明确有一种与人近似的高等灵长类，也就是被群众称为野人的奇异动物存在。

但这次的粪便中没有找到能够提取ＤＮＡ的血小板等元素，只作了一般的观测和分析。

在线小知识

我国古代的书籍中曾有过许多关于野人的记载和描述，仅野人的外号和别名就有几十种之多，如"山鬼""毛人""黑""擂""狒狒"等。当然，我们很难判断哪些是有根有据的事实。

房县村民遭遇野人事件

目击事件

1974年5月1日，湖北省房县上桥大队农民殷洪发去青龙寨砍葛藤，途中忽然听到背后有响声，转身望去，只见一个满身长着麻色长毛，两脚直立走路的人形怪物披头散发、飞快地从坡下向他奔过来。

人形怪物伸手抓他，殷洪发情急之下，抡起弯刀向怪物砍去，怪物受了重伤，头一摆，嘴里发出一声哀嚎，飞似的向坡上树林跑去。

据殷洪发所述：这个人形动物高约1.4米，头发下垂到胫部，眼睛圆形红色，鼻子位置略比人高，眉骨突出，嘴比人的宽，手臂到腰，手大指长，两腿上粗下细，两脚前宽后窄。

1974年6月16日中午，房县回龙区耕牛饲养员朱国强到龙洞沟放牛时，遇一棕红色的野人，朱欲用猎枪射击野人，被野人夺去枪支，因牛助主人，野人弃枪而去。

1975年7月，桥上荒河二组的农民陈测洪在黑山脚下放牛时，看到一身高两米、全身是红毛的野人在树

林中行走，脚有0.3米长。

1976年1月29日，桥上鱼鳃村农民曾宪国上山割榆树皮，被一身高1.9米的红毛野人抓脸，曾被吓昏，醒后回家大病3天。

1976年2月20日晚，桥上七里二组农民任生发家被野人偷走一头猪，任生发听见了野人笑声，但不敢出门夺猪。

1976年5月28日上午，红塔乡双溪村学生孙正杰、于立华上大梨花沟砍柴，途中发现一大一小两个红毛野人在沟中行走，大的约两米高，过大沟时，大野人用手将小野人提起，甩向对面的石头上，于立华见后大哭大叫，两人忙往回走。

1976年6月19日上午，桥上乡群力村二组女社员龚玉兰带孩子回家，刚翻过垭口，见一红毛野人在树上擦痒，发现龚玉兰后，就追了过来，龚吓出一身冷汗，抱起孩子就往家中跑。

后来野考队访问了龚玉兰，并在现场树干1.3米处发现20多根野人毛发，经鉴定不是熊毛，而与灵长类毛发大同小异。

1976年10月8日上午，桥上乡七里小学教师何启翠带领10多名学生上山搞小秋收。

　　下午15时左右，在天子坪见一个黄色毛发的野人在茅草坪中行走，年龄小的学生吓得往回跑。但是，何相全、刘志梅等5人则一直站在坡上观看野人，直至野人翻过山坡不见踪影为止。

科学考察

　　为了彻底揭开野人事件的真相，1976年9月23日，由中国科学院主持，在紧靠林区的房县成立了"鄂西北奇异动物考察队"。主要参加单位包括：中国科学院古脊椎动物与古人类研究所、北京自然博物馆、武汉地质学院、湖北省博物馆、北京科学教育电影制片厂和当地各级政府及有关部门，总人数共27人，由古人类研究专家黄万波、袁振新任队长，对神农架地区进行科学考察活动。

　　1980年，又有人宣称在神农架枪刀山发现了野人的粪便与毛发。经化验，野人的粪便与人相近，其毛发明显不同于普通野兽，如熊、野猪、猴等，更接近于黑猩猩或人类，但又明显区别

于人类毛发。

　　概而言之，从1976年至1980年对野人持续4年的科学考察活动，虽找到了野人的脚印、毛发、粪便、睡窝等，但因没有见到野人的活体与尸骨，也没有拍到野人的照片，因此，考察尚不足以证实神农架野人的存在，国家也无必要再组织大规模的野人考察活动。

　　因此，从1980年起，中科院不再直接参与野人考察项目，而是将这一任务转交给中科院湖北省分院继续进行。但是在20世纪80年代至90年代，神农架地区仍不断传出野人现身的消息。

　　房县位于湖北省西北部，与神农架林区相邻，境内森林茂密，群山林海茫茫。房县地势西高东低，南陡北缓，中为河谷平坝。高山、二高山地区占82.9%，非常有利于灵长类动物生存。

沙河村民遭遇野人事件

目击事件

1985年3月7日，湖北省襄樊市沙河乡农民邓青云、陈传义在雪地里发现野人脚印，跟踪追寻了1500多米，发现一个2.3米高的红毛野人，两人包抄上去，却未能抓住。

1985年5月10日，沙河供销社职工裴运泉、襄樊市运输公司职工知光华与司机李明华乘卡车经鲁家坪杨家洼时，发现一个1.3米高的黑色棕毛野人在直立行走，之后钻入密林。

1985年5月31日11时左右，自费赴湖北省房县桥上考察野人的辽宁省锦州市黑山县青年丁学忠在山上听见怪叫声，随后看到离他12米处有两个红毛野人在打闹，一不小心踩断树枝发出声响，野人闻声逃走。

1993年9月3日18时15分，铁道部大桥局谷城桥梁厂一行8人乘车途经燕子垭时，在一个弯道旁约20米处发现有3个野人正低

54

头迎车走来，司机黄师傅一惊，高呼"前面有野人！"在车冲到距离野人仅五六米处时，走在道左的矮壮野人用前肢推了右边两个野人，3个野人迅速冲下公路，钻进森林。

1995年4月的一天下午，正在打猪草的农民陈安菊在名叫唐家坡的山上发现一个她从未见过的奇怪动物背对着她，正在树上"吃果子，个子不矮，能把树扳下来。"

1997年9月，房县安阳中学退休教师赵坦在房县、保康交界处，看见一野人"长头发，黑色，披在肩上，脸上没有头发，看不到耳朵。"

1999年9月23日，农民王连路所种的玉米一夜之间被吃掉了30多棵，疑为野人所为。

2003年6月29日15时40分，神农架天燕原始生态旅游区天门垭景区所在的209国道，有4人在小汽车内看见一身高约0.16米左右、无尾巴的人形动物佝偻着腰，在直立行走，动物浑身呈白灰色，前后持续时间约5秒钟至7秒钟，听到车响后，人形动物迅速向路边密林中逃去。于是，乘客下车追寻，在进入森林不到15

米的地方发现了6个清晰的野人脚印，脚印长约0.3米，宽约0.1米，他们在脚印处做了记号。此后，在公路上野人待过的地方，发现一大块未干并散发着臊味的尿迹。事后，有人把该动物留下的毛发送国家林业总局野生动植物鉴定中心进行遗传物质"线粒体"鉴定分析，据主持鉴定研究的张伟院士称，检验结果非常接近人的线粒体。

2008年11月18日，又有4名游客声称在神农架林区近距离看到了野人。一个由中国科学探险协会主持的调查工作随即展开，经过一周的调查和访问，调查小组认为，此事件应定性为一起直立人形动物群体目击事件。

　　但因国内此时已出华南虎"周老虎"事件，因此媒体对于目击野人的事件并未加以宣扬。目击者所声称的野人形象身披红色或黑色的长毛，身高2米上下或1.45米左右，直立行走。脚很大，有0.4米那么长，行动敏捷。但声称见过野人的人均未能提供出任何实证照片，更别说是出具野人尸骨。

　　关于野人事件，科考人员于20世纪70年代曾进行了持续20多年的考察活动，除获得了一些毛发和粪便外，实质上一无所获。因此，关于野人的有无问题，引起了国内学术界的激烈争论。

西天山的吉克阿达姆

发现野人

1989年7月22日当地时间夜里1时左右，新疆天山保护区科学工作者与青少年在返回营地的途中，突然发现前面30米处闪现出一个身材高大、两脚直立行走的人形动物。在月光下，这个浑身毛发灰白的不速之客同人们对视了一会，便消失在夜幕密林之中。

这次事件证明了传说中的"吉克阿达姆"野人确有其事。由于没有捉到这种高级野生动物，它一直被蒙上一层神秘的面纱。

相关考察

后来一支由研究稀有生物的专家、病理解剖学家、化学家及探险家共同组成的"野考"队来到这里。

第一天他们把灵长类动物经常分泌出来的一种信息素涂抹在做记号的布条上，然后挂在可能属于野人活动地域的树枝上。按照动物标示自己领地的法则，在这些特别明显的地方安置了特殊的信息素标记，圈出一片范围，在其周围留出一定空地，好让野

人再现时在上面留下脚印。

第二天夜里，一名队员被帐篷外沉重的脚步声惊醒，并闻到一股类似一个人多年没有洗澡所散发出来的汗臭味。片刻，脚步开始走开，很快就安静下来了。清晨，队员们发现帐篷附近留下几个巨大的与人相似的脚印，于是查遍了附近树丛岩洞，但野人去向不明，他们只好悻悻而返。过了两天，保护区的5位饲养员骑马来到考察营地向队员报告，在山上发现了一些粗大的赤足脚印，队员们随即前往察看，在做记号的地方果然留有一些杂乱的大脚印，脚印长0.33米，步距0.011米，印迹十分清晰。

按其深度，这只庞然大物的重量可能不少于250千克。队员们把脚印做成了石膏模型，经过分析比较，它们与常人脚印不同，脚掌很宽，穹窿处很窄，脚弓下降，野人脚趾头长短齐平，不像常人呈倾斜状。后来野人又一次光临了营地，队员们听到了它的吼叫声和树枝折断"咔嚓"声，并看到树上的信息布条已被撕成碎片抛在四周，地上留下了同样的脚印。

在线小知识

天山是中亚东部地区的一条山脉，横贯中国新疆的中部，西端伸入哈萨克斯坦。古名白山，因冬夏有雪，又名雪山。天山平均海拔约5000米。最高峰海拔达7435.3米。这些山峰终年为冰雪覆盖。

野人沟和毛野人

野人沟来历

多年前的一个清晨，天刚蒙蒙亮，有位农民到新疆巴里坤县城以西的一个山沟里用牛拉柴，走着走着，他突然远远看见前边有个身披"黑衣"的人在爬山，由于天色非常的暗，看不清他的真实面目。

可农民心里十分纳闷，此人如果是上山砍柴，为何不带牛也不套车，甚至手里连个斧头也不拿。路越走天越亮，农民再看那"黑衣人"，心中顿生恐惧，他看见那人根本没穿衣服，而是浑身长满了黑毛。

农民由于非常害怕，便大叫一声，那野人受到了惊吓，撒腿往山下跑，速度极快，连山崖和深涧也不怕，直往前扑。从此这

条山沟就被称作野人沟。

巴里坤有关毛野人的故事流传很广，几乎乡乡村村都有老人会讲，奇巧的是每处所讲故事的数量和情节都比较一致，似乎出自同一源起，难道它们都是真实的吗？

有关故事

故事《皮袖筒子》讲述了一座大山中不仅有狼和熊，还有一种浑身长毛的毛野人，村里的人要上山打柴、割草、采菇，都得手持棍棒成群而行，才敢进山。

可是村里却有一个人仗着自己力气大，偏偏独自前往深山。他夸下海口要抓一个女毛野人来给谁当媳妇，并与人打了一头牛的赌注，乡亲们怕他一去难返，便联络了几个胆大的照看。

后来大力士果真与毛野人狭路相逢，稍一照面，就将大力士来了个背麻袋甩大包，将其压在下面动弹不得。三四个毛野人扑上来一阵乱挠，幸亏乡亲们及时赶到，才救了他一条命。

从此大力士留下了一种怪病"呱笑症"，有事没事便打滚发笑，受害匪浅。

有一天，村子里来了一个外地人，瘦得像麻秆儿，他听说这里有个大力士被毛野人整傻了，冷笑说："白长了5尺汉子，一巴掌的膘！"

大家听得惹耳，纷纷与瘦子叫板："你说别人，那你敢去见一见毛野人吗？"

那人却说："我要不敢去见个毛野人，我这个'郑大胆'的名白担了！"

于是，好事之人立即煽风点火，怂恿郑大胆进山，而他也丝毫不含糊，说去就去，他不带分寸棍棒，只是在光胳膊上套了4个冬天取暖的羊皮袖筒子。人们直觉奇怪，远远跟着想看个究竟。

郑大胆进了山，很快有一个毛野人迎面而来，一下扭住郑大胆的胳膊，谁知熟悉"背麻袋"的毛野人却一个跟跄跌了个脚朝天，后被郑大胆挠得痒笑连天，无法起身。

另一个毛野人也被同样放倒，其他野人见状纷纷逃回树

林。后来人们问郑大胆是怎样制服野人的，他一伸胳膊，只见原来的4只皮袖筒子少了两只。

郑大胆说："毛野人扭人，有直劲无横劲，褪了袖筒以为扭断了胳膊，顺势就会笑跌过去的，这时你趁机挠打它，也就无法反抗了。"

说法不一

50多年来一个很长的历史时期中，巴里坤的毛野人故事家喻户晓，妇孺皆知，然而这其中的毛野人究竟为何物呢？

故事大多说他们脸庞黑瘦，浑身长毛，没有膝盖等，由此可以断定它们是不属于人类的异物。在巴里坤民间，人们对毛野人总持肯定的态度。

一种说法认为，它们是人类的一种，只是比开化的人落后一步，后来必然为先进的人所消灭；

另一种说法则认为，毛野人是被迫潜入山野的正常人发生变态而来的：说是当年秦始皇修长城，乱抓乱杀，许多人逃到山里，年深日久，吃不到熟食和盐醋，渐渐身上长出毛来，为躲避野兽的进犯，它们四处隐藏。

在线小知识

巴里坤哈萨克自治县属温带亚干旱气候区，年平均气温1.0度，该县以牧业为主，素有"古牧国"之称。特殊的地理和自然条件，非常适合野人生存。因此，说此地有野人活动，并非没有可能。

元宝山一对野人被击毙

野人事件

元宝山位于广西融水苗族自治县境中部，也称云抱山，距县城70余千米，有白虎峰、兰坪峰、元宝峰和无名峰四大主峰，最高峰海拔2086米，为广西第三高峰。构成元宝山山体的岩石为古老花岗岩，山体陡峭，南北隆起，中部稍凹，形似元宝而得名。

元宝山雨量充沛，适宜动植物生存，并保留有一些古老的动植物群落。该山动植物种类繁多，是一座天然的植物园、动物园和中药圃。

元宝山至今仍保存有莽莽的原始森林，面积达9万亩，木材总蓄积量约20万立方米，有植物种类1000多种。

特殊的气候条件造就了元宝山的特殊环境，立体气候较明显，山上山下，植被迥然不同，垂直分布明显。海拔1000米以下是典型的中亚热带常绿阔叶林；1000米至 1500米是亚热带山地

常绿、落叶混交林；1500米以上是高山针阔叶混交林。

由于山高、严寒、气候变化无常，使整个元宝山苍苔斑驳，古木蓊郁，浓荫蔽日，长藤如蟒，盘根交错。

野生动物有熊、猴、大鲵、山瑞、小灵猫、毛冠鹿、苏门羚、林麝、马熊等，还有"野人"出没的踪迹。

元宝山很早就有人发现过野人。进入20世纪，仍然不断有村民发现这种神秘动物。

1980年农历正月初七，一个名叫卜小球的村民捕获到一头小"人熊"，由于太像人了，被他放走。

1991年和1992年守林人两度见到高达两米浑身披毛的野人。

1994年4月，《柳州日报》和《新民晚报》的6名记者组织了一个小型考察队，进山考察大脚印和一些奇异现象。

科学考察

1995年5月，在中国林学会的支持下，一支由中外学者组成的"元宝山野人国际考察队"进行了为期10天的考察。

这支考察队由我国野人研究专家周国兴担任队长，美国华盛

65

顿州大学著名的美洲野人"沙斯夸支大脚"研究权威克兰茨教授任副队长。参加联合考察队的还有日本的学者，以及当地考察人员，共计15人。

在击毙野人的猎人后代的带领下，他们考察了当年打死野人的白虎峰"野人瀑"。

据称，曾有一对野人在瀑布源头的小池边洗头，雄野人被击中后坠落到瀑布里，雌野人失偶后在此号泣数日，由此，苗民中流传开"野人歌"来诉说这一不幸事件。

那位后代向我们显示了击毙野人的火枪。那是一支很不起眼的土枪，难以想象它能击中百米之外的野人。

考察队还在元宝山脚下培秀村考察了"野人泉"，在泉头竖

立有一块建于清嘉庆十九年的"双龙泉碑"，该泉池是由当年培秀村的财主蒙老赏指挥修建。

碑的珍贵之处在于其右下角有一"野人戏马"的浮雕，野人骑马，弯腰屈膝，据称是根据蒙老赏捕获并驯养的一个野人而雕刻的。不过，根据浮雕的形象，有人认为，与其说是野人，不如说是猴子，即短尾猴更合适。

之后，考察队在兰坪峰上现场调查了20世纪90年代初守林人目击野人的情况。

根据他们描述的野人形象与动作，特别是双脚直立行走时的摇摆状态，见到人后会笑着摇头晃脑的姿态，使人怀疑为猩猩。

鸭变婆之说

附近三江地区侗族中有鸭变婆的说法，说有一种野人面色苍老，行走时摇摇摆摆像鸭子，这与守林人目击的野人相似。

除这些调查外，考察队还考察了元宝山的生态环境，并在深夜深入山林中探查。

不过收获有限，未能找到野人存在的直接证据，这也是此次考察活动的一大遗憾。

元宝山早在清代就流传着很多有关"野人"的传说。另外，当地的"野人泉"、"野人瀑布"、"野人歌"，甚至神秘的芒篙仪式等都与"野人"有着千丝万缕的联系。

在线小知识

野人现身大有镇

砍柴遇野人

重庆南川区大有镇石梁村村民雷厚禄经常在当地一处叫南桥坪的荒山砍柴，那里人迹罕至。2008年的一天，他正在砍柴，突然传来"轰"的一声闷响，他抬头一望，瞬间被吓得屏住呼吸，只见一个黑色物体在逃蹿，一人多高的小树和灌木纷纷倒下，那物体满身黑毛，屁股如脸盆大小，迅速消失在丛林里。"它完全不顾树丫阻挡或刺伤"雷厚禄称，这个动物很像传说中的野人。以前就有人发现野人偶尔在山林出没；最近一周，出现得特别频繁，见过它们的村民超过30人。雷厚禄立即通过电视比对和平常积累的知识，认为野人应该是野生大猩猩。

南川真有野生大猩猩？面对这种近乎天方夜谭的说法，记者在雷厚禄等村民的带领下，走进了当地山林。

曾目击野人、跟雷持相同说法的村民真不少，直接理由是：野人除个头跟成人差不多外，五官也很接近人，偶尔像人一样直立起来东张西望，甚至像人一样奔跑。

68

树上荡秋千

当年40岁的村民明兰英，是当地唯一近距离跟野人相遇的村民。她说，她在山林边的红苕地劳作，抬头瞬间被吓得呆若木鸡。距她不足10米的灌木丛里，赫然蹲着一个人形模样、全身黑毛、闭眼打瞌睡的野人。突然，野人睁眼与她对视三四秒钟后，迅速直立起身，跃身进入灌木丛后的树林。

"那些大树后面是悬崖，它从一棵树上像打秋千一样，抓起树枝荡出10多米，落在另一棵树上……荡了两三次后再也看不见了。"明兰英说，野人眼睛直勾勾的，当时把她吓坏了。

周边大山上野生动物多

野人频繁出现的山林外有一座大山，翻过大山便是贵州省道真县的天然景区黄泥洞。道真县属中亚热带湿润高原山区，黄泥洞景区及其周边，分布着狒猴、黑叶猴、灵猫等国家重点保护野生动物。雷厚禄的侄媳就是道真县人，她说，黄泥洞不仅有猕猴、野山羊和野猪等常见野生动物，甚至在夜里能听到老虎叫声。"野人应该是从黄泥洞跑过来的。我看到过，它没有成年人那么大，但体形跟两只狗差不多。"在大有镇的那条公路上方也有座山，上面能望见金佛山，金佛山的野生动物也很多。

在线小知识

南川区大有镇周边山多林密。2008年，当地有30人频繁发现林中有野人出没。据目击村民介绍，野人比猕猴大数倍，个头跟成人差不多，有的村民与它照面时，常受到惊吓，但野人也会受惊而逃。

森林里捉到的女野人

捉到女野人

1850年在俄罗斯南部，猎人在森林里遇见一个古怪的东西，一个古怪的多毛女野人。他们用网子罩住她，拖回村子，当地人像对待野兽一样把她丢进了笼子里，并且起名叫"萨娜"。根据当地传说，萨娜对乡村生活的服饰缺乏兴趣，村民想给她穿衣服，但她很不情愿。

他们给她煮吃的，但她还是喜欢吃生食。一段时间过后，当

地人想教她干些简单的活儿，但萨娜只能学会最基本的技能。最后传说萨娜遇到了镇上的仰慕者，生下了几个孩子。奎特就是其中之一，伊戈尔相信萨娜可能是真正的尼安德特人遗族。奎特则是混血儿——尼安德特人和人类杂交的产物。

莫斯科伊戈尔·布赛夫相信地球上还有野人，他花了30多年的时间，试图找到亚洲的阿玛斯。伊戈尔研究的是多毛的灵长类两足动物，近似人类，但不是人类。伊戈尔的办公室堆满了过去探险的纪念品。例如脚印和毛发样本。这是他们在帕米尔和阿尔泰山区探险时找到的。伊戈尔的收藏丰富，但最重要的是他拥有重要的证据，其中一个头骨，传说是一个叫萨娜的女人的。

实验检测

在托德和夏拉的纽约大学实验室，结果终于出来了。夏拉检查计算机断层扫描，根据头骨的形状对奎特和萨娜作出几点结论，没有任何证据显示，尼安德特人和奎特有任何相似之处。至于萨娜，有人假设她是尼安德特人的遗族。

但从这个计算机断层扫描的侧影看不到任何证据证明萨娜是尼安德特人的遗族。

尽管萨娜的头骨可能是人类的，但她的下颚有点奇怪，这个女人相貌奇特。到底是什么让萨娜的行为与相貌异于他人？

实验结论

在19世纪，萨娜出生地一带的许多村庄受到呆小症的困扰，这可能是缺乏碘，或荷尔蒙不平衡所引起的。这种症状可能阻碍生理和智力的发展。

但是按照当地的传说，萨娜尽管迟钝，但身形硕大。另一个可能的答案是多毛症。这种遗传病造成毛发过度生长。DNA检测表明，萨娜确实可能是奎特的母亲，除了她的外形，没有地方类似尼安德特人，但有关奎特与萨娜和他们是尼安德特人遗族的可能性将由托德的DNA结果揭开真相。

　　毛发样本基本上已被破坏，但他们研究的3颗牙齿，提供了明确的DNA证据，结果显示他们从萨娜和奎特身上取得的DNA和现代人的相同。

　　科学实验显示：萨娜和奎特是现代人类，他们既不是尼安德特人，也不是尼安德特人的遗族。甚至连混血儿都不是，他们是百分之百的现代人类。

在线小知识

森林中遭遇北美野人

路人发现奇异动物

2004年6月6日凌晨2时左右，马里恩·谢尔登和格斯·朱尔斯驾车行驶在阿拉斯加高速公路上，他们突然发现路边有一个人，当时，他们猜测这个人可能在路边寻求援助，便调转方向靠近他。当他们离这个人只有6米时，才发现它不是人类，它浑身覆盖着毛发，并且直立行走。晚上光线太弱，这个怪物的毛发太浓厚，但是仍可模糊地辨认出这个怪物长着像人类一样的五官。

朱尔斯指出这个怪物大概有2.13米高，有点儿驼背，可以肯定这个怪物不是人类。当朱尔斯靠近它时，怪物迅速穿越了高速公路，在高速公路上留下了两三个大脚印。

发现踪迹非首次

政府官员巴基加相信他们所看到的是北美野人，但觉得他们提供的证据不足，对媒体缺少足够的说服力。

他认为由于当时的天气条件及各种原因，采集证据是很难的。希望在以后的搜寻中，能够将北美野人之谜向世人揭晓。

森林中遭遇北美野人

加拿大萨斯喀彻温省一名20岁的谢兰妮·比

蒂女孩，在阿尔伯特王子市附近的道路上行驶时，在一个森林边缘发现了一个奇怪高大的北美野人。

谢兰妮·比蒂驾驶汽车沿着托奇湖附近的公路行驶时，蓦然发现路边的森林处有一个毛茸茸的东西在移动，最初以为那是一只熊，然而当她驾车驶近时，那个动物竟然站立了起来，原来那竟然是一个北美野人！

当谢兰妮驾车驶过时，这个野人显然朝她看了一眼。谢兰妮发现，这个生物有近2.5米高，拥有强健的肌肉和长长的手臂，它的身上覆满了黑褐色的毛发。

在震惊之下，有一瞬间谢兰妮的注意力再也无法集中，她的汽车差点转向撞进了一道沟渠里。

第二天，谢兰妮和两个叔叔再次回到前一天她发现野人的地点，展开仔细调查。他们发现公路边的雪地上，有数百个长达0.5米的大脚印；这些脚印之间的跨度是如此之大，人类的步伐根本无法做到。谢兰妮的叔叔还在雪地上发现了一撮毛发，并将它们寄给了研究"北美野人"长达33年的加拿大专家汤姆·比斯卡迪进行分析。

研究表明，谢兰妮发现的生物是某种灵长类生物，而那些脚印显然是北美野人存在的最直接的证据。研究者比斯卡迪激动地向人们说："这绝对是20世纪的一个重要发现"。

在线小知识

75

雪人频频出没苏联

目击雪人

1988年2月，雪人频频出没于苏联摩尔曼斯克州科拉半岛上。

据目击者回忆称，第一次和雪人相遇是在晚上。农民伊凡刚招呼孩子睡下，忽然看见屋前空地上出现了一个高大的毛茸茸的黑影。

黑影摇摇晃晃向屋子走来，走着走着，低头捡起一块石头，"哗啦"一声打破了一块窗玻璃。窗玻璃的碎裂声使黑影吃了一惊，它沿着墙壁很快爬上了屋顶，然后从屋后翻墙而去。

第二次和雪人相遇是在冬末的一个早晨。几天以前，沙沙和舒拉两个孩子一起去溪边野营。他们在砍伐过的木桩上搭起简易帐篷。白天，两人到溪边捉鱼，去林中打野兔，晚上则回到帐篷内休息。有一天晚上，孩子们听到"哗哗"的水声。一眼看去，

竟是一个浑身长着灰褐色细毛的雪人。雪人越过小溪，向帐篷走来。孩子们吓得连大气也不敢出，眼睁睁看着它越走越近。月光下，出现在孩子们面前的是一个高达2.75米、宽肩膀、亮眼睛的巨人。那巨人对孩子们似乎并没有什么恶意，朝他们好奇地打量了半天，便拖着沉重的脚步慢腾腾地越走越远。

天亮以后，孩子们走出帐篷，他们瞧见潮湿的泥地上凌乱地印着一些大脚印，每只足有0.36米长。

雌雪人现身

几乎与此同时，在苏联奇姆肯特州塔拉斯山支脉的阿克苏—贾巴格林斯基自然保护区，也传出了发现雪人的消息。

1989年7月22日凌晨5时，一群来山里度假的中学生由于兴奋睡不着觉，三三两两走出林中的小屋，猛然间从暗中冲出一个身长黑毛的1.8米高的"妇女"，那"妇女"好奇地盯着孩子们看，孩子们发出一片恐惧的尖叫声，争先恐后地逃回了小屋。

其实，在阿克苏－贾巴格林斯基地区，雪人的传说早已有之。当地的尼古拉耶夫村经常发现有雪人跑下山来寻食，每逢此

时，村里的狗便叫得特别凶。

一年夏天，牧羊人普罗岑科在村外的田野中，看到一个身披黑毛的人形动物在水塘里扑腾。还没等他走近，那个约有两米高的动物就撒腿跑了。

据当地叶戈里老人回忆，早在1909年，本地就发现有雪人出没。他10岁那年的一天黄昏，父亲带他到林子里去取砍下的柴火。猛然间，身后传来树枝被折断的声音。起初父子俩还以为是守林人，可转身一看，竟是一个身高2.5米的巨人！

巨人身上长满黑毛，龇牙咧嘴地朝他们逼来。父亲的手簌簌发抖，小叶戈里虽然也怕得要命，但还是拎起了斧头藏在背后，

准备在万不得已时和巨人拼命。巨人越逼越近，甚至连"呼哧呼哧"的喘气声也听得见，眼看父子俩是难逃厄运了。恰恰在这时一群猎人到林子里来打野物，巨人这才仓皇逃走。

在线小知识

苏联科学家认为，流传中的苏联雪人生活在高加索和天山山脉一带。尼安德特人的远亲苏联雪人居住在山脉的林区，而不是居住在积雪区，因此雪人名不副实。

野人研究

　　野人真的存在吗？它们到底是人类，还是怪物？巨猿与野人有何关系？野人可能是猩猩吗？野人身上究竟蕴藏着多少奥秘？野人研究机构虽然遍布世界，但没有一个机构能够给人们一个满意的答复。

野人真的存在吗

野人即猿生物

1991年3月30日李建撰写的《神农架野人并非大猴子》的文章在《楚天周末》上发表。

这篇文章是针对中国科学院武汉分院副院长、副研究员冉宗植写的《神农架野人可能是大猿猴》而写的。

李建原是湖北郧阳地委宣传部副部长，他认为神农架野人是从猿到人过度阶段的直立古猿或"也人也猿"生物，而不是大猴子。任何大猴子都不会直立行走，更不会长时间直立行走。他列举了很多目击者的例子，所反映的野人特征却惊人的一致。

野人是否存在

目前，学术界对于有没有野人存在两种不同的意见。赞成者认为，野人之说并非子虚乌有。

在很久以前，神农架附近生活着一种巨猿，他们有硕大粗壮的头骨，巨大强壮的躯干，已能直立行走，能用双手抓握天然木棍和石块，食谱很杂，但以素为主。

神农架的科学考察结果表明，野人可以直立行走，爬坡时四肢着地，头部的转动非常灵活，身披长毛，头发披肩，脸型与现代人相仿，眼小嘴宽牙白，不长犬齿，脚印长达0.4米。

他们栖息在山洞中，喜欢生吃竹笋、野果、软体动物、蚯蚓和各种昆虫。这些都有很多目击者的证明。

但也有人认为，由于至今没有找到野人的尸骨或活体，这种生物是不存在的。这种说法也有一定的代表性。

野人是否巨猿的后代

野人会不会就是古代巨猿的后代呢？人们认为，这是完全有可能的。

根据现代科学家的研究表明，古代巨猿是人类的早期祖先，人类是从一种古猿类发展而来的，人和猿有一定的近亲关系，人和猿的共同远祖是3500万年前生活于埃及法尤姆洼地的原上猿和埃及猿。

古猿包括几个不同的种类：它们有的身体粗壮，脑子比较大；有的身体比较矮，脑子比较小；有的带有类人猿的特征比较明显；有的明显属于人的类型。它们都离开了森林，活动于开阔的地带。

它们的上下颌的犬齿发达，有分化；它的整个牙齿的结构明

83

显地具有类人猿的性质。

　　它们是群居的动物，在环境变化的过程中，由于生活方式的改变，为了适应新的习性，其中有一支或几支逐渐朝人类方向发展。

　　如果事情真的如此，那么，正像英国生物学家达尔文所说的，从类人猿到人类的进化史上的缺环，就能被野人所代替。

　　不过，也有不少人认为"野人之说"是站不住脚的。

　　理由之一，到目前为止，还没有人能活捉野人，找到的也只是些毛发、头皮和骨头。这些毛发、头皮和骨头是不是野人的遗物呢？谁也不能肯定。而且，在考察中，见到最多的还只是脚印，凭脚印就能确定是野人的不是人类的，这话不免过于武断。

　　理由之二，经过人类那么长时间的探查，为什么到目前为止还没能找到一个野人？这只能说明野人这种动物并不存在。

野人真的存在吗

野人真的存在吗？在众多目击与遭遇野人的事例中，除去那些因明显夸大、渲染而失真，甚至有意或无意的捏造外，多数情况是目击者处于精神紧张和恐慌状态，或距离甚远和能见度较低，误将某些已知的动物看成野人；或是根本就不认识某些动物而将其错当作野人。其中涉及的动物有猴类、熊类、苏门羚等。

将猴类特别是短尾猴当作野人的例子屡见不鲜。1985年，前"野人考察研究会"在湖南新宁高价购到一头"毛公"后如获至宝，大肆宣扬捉到活野人，结果是一场闹剧，毛公原为短尾猴。

将熊当作野人也不乏其例。科学家在神农架考察时，曾对打死野人的事例查访落实，发现打死的是黑熊。

1961年1月在云南省勐腊密林中见到野人母子的一位小学教员事后也否认自己见到野人，认为是黑熊。所以在我国发现部分野人中，熊是占相当比例的。

在线小知识

尽管对野人的存在基本上持怀疑态度，但科学家依然相信，在人迹罕至之处不能完全排除野人存在的可能性，至少还有5％的证据有待我们去查证，有待我们去进一步的探讨。

野人是否属于人类

鉴定方法

在不断寻找现代人祖先的过程中，科学家们渐渐摸索出了鉴定出土古人化石的三个标准：

一是大脑的大小；二是身体是否直立；三是牙齿是否展开。但是，迄今为止，他们能够找到的人骨化石实在太少了。而这样少的化石则很难勾画出世界上第一个现代人的大致轮廓。也许，原因在于世界上第一代现代人当时数量太少了。

站立人奥秘

鉴此，现代人和猿人之间的缺环至今仍为一个奥秘。这里说的缺环是站立的人，他在原始上接近现代人，但迄今为止人们仍然不清楚它同人们称的猿人是什么关系。站立在人进化成为现代人并不是一次完成的。进化史曾出现一个奇怪的时期，自然进入站立人的时期时，便决定分两条道路去寻找人的最高形式。我们来自这两条道路中的一条道路，而另一条道路上则出现了另外一种人，人们称他们为"尼安德特人"。目前有许多头骨和骨架

是来自这个阶段后期的两条不同的进化道路，从而很容易对此阶段人的生活作一个设想。但尽管如此，人类种族起源至今仍是一个谜团。

野人是外星人吗

野人是不是来到地球上的外星人呢？这也是难以令人相信的。而外星人如果真的来到了我们的地球上，他们的智力当然要比地球人发达。

他们来到地球也一定是为了科学考察，甚至与地球人交往，因而他们身上一定带有我们不认识的先进设备。他们用不着在深山老林里躲躲闪闪，更用不着像地球上没有智慧的动物一样在野外活动。

专家观点

世界上许多专家认为，所谓的野人也许是外星人发送到地球上来的实验品，如同地球人发送到月球上去的动物试验品，这种说法不是没有道理的。因为地球人已经在向外星发射了探测试验品，另外没有人能肯定外星人生物也是有智力的高级生命。

各地见到的野人形象都不大一样，也许外星人发来的试验品也像地球人进行试验时一样，有时用狗，有时则用猴子。

目前，人类所发现的野人一般都单独活动，并且不是在同一个地区反复出现。有可能外星人将它们发送来，在完成某些试验后，又把它们接回去了吧！

野人可能是猩猩吗

墨脱传说

在我国西藏墨脱的莲花胜地，有美丽的传说，有迷人的景色，有奇怪的动物，墨脱野人就是这片土地上最神秘莫测的一个。墨脱的门巴人称野人为"则市"。

据当地人说，野人身高比人高，头比人的大，额头比较突出，耳朵和嘴非常大，鼻子却很小。它们的头发比较长，可以垂到眼睛上，颜色为黑红、紫红和棕红色。野人的肩很宽，背比较驼，能像人一样直立行走，并且有自己独特的语言。

据当地人统计，原始森林里曾经住着11个野人，它们都是单独行动，从没有看到过有两个以上的野人同时出现。有人曾深入原始森林中去寻找野人，发现野人居住的草窝很温暖。睡的地方下面铺满竹子，上面垫了一层厚厚的稻草，而且它们只会在同一个睡觉的地方只逗留一晚。野人的粪便与人的粪便相似，从里面一些没有消化的食物残渣中可以看出，野人以野果、坚果为食。

88

野人故事

从前墨脱有位姑娘上山砍柴，被一个雄性野人抓进山洞里。野人对姑娘一片痴情，它很怕姑娘逃走，每天抱着姑娘一同去山林采野果，喝山泉。日子久了，野人感觉到姑娘不会再逃走了，便放松了对她的防范。

有一天，姑娘指着洞顶上的一块巨石，用手比划着说，石头要是掉下来会砸伤自己。

野人明白了她的意思，便迅速用双手托住石头。姑娘走出洞外，看到野人没有追来，便逃走了。

一个多月过去了，姑娘养好了身体领着村里人来到了山洞。但他们发现野人已经死了，而它的双手仍顶着巨石矗立在那里。

古脊椎动物与古人类研究人员提出，如果墨脱县的这个动物真的存在的话，最多是灵长类动物的一个旁支，和人类的演化没有任何关系，也就是说它很有可能是猩猩。

在线小知识

墨脱的原始森林里四季如春，里面长有多种食用的果实和坚果，因此野人有适宜的居住条件和丰富的食物来源。而由于当地复杂的地形并不利于人们对它们的寻找，所以才未能捕获。

巨猿与野人有何关系

提出观点

在世界的许多角落，都有野人等类人生物出没的足迹。野人是一种直立行走的类猿似人动物，但与人类特征相差很远，与巨猿有较多相似之处。

所以，有人认为野人应该是一种改变了原来生活习性的、残存的、已经被认为消失的动物"巨猿"。那么，传说中的野人会不会就是巨猿的后裔呢？

对此，有专家指出，巨猿与今天的野人可能毫无关系。

体型的差异

巨猿身高可达3米，而大多数被目击到的野人都不超过2米高，神农架和我国南方的野人通常只有1.5米至1.7米之间。

分布区域不同

北美的大脚怪，尽管早就出现在印第安人的传说中，当地也基本具备大型动物生存的条件，但从化石证据来看，整个美洲从未演化出任何猿类动物。同样，游荡在喜马拉雅山的雪人也不会是巨猿的后代。

行走方式

巨猿并不是两足直立的动物。在灵长类动物中，只有人类的祖先南方古猿是直立行走，除此之外别无他物。

目前，古生物学家已一致认为巨猿应该像猩猩一样主要以四足行走，偶尔才能直立起身体，而且前肢应该比后肢更长，更发达一些。

巨猿为什么会灭绝

巨猿是巨大的类似猩猩生活于地面的猿，很可能是世界上最大的猿，重量估计超过200千克，这种动物长有强壮的犬牙和巨大的臼齿，并有厚厚的珐琅层、高高的齿冠和矮牙尖。

20世纪50年代以后，在我国南方和越南的一些地区，陆续发现了大量的步氏巨猿化石，但科学界一直没有弄清巨猿的生存年代和灭绝时期。加拿大麦克马斯特大学的地球地理学教授杰克·里克对此很感兴趣，他带着疑问和先进的仪器，来到了我国广西地区的洞穴进行了实地考察。

在当地科学家的帮助下，里克仔细地研究了巨猿的化石以及其生活的环境，并利用先进的电子旋转共振器以及高精度的绝对日期鉴别法推算出了巨猿的生活年代。里克教授表示，从这些化石的年代推算，这种史前巨猿生活在100多万年前和早期人类在地球上共存过，直至10万年前才彻底灭绝。

目前，虽然研究人员还没有发现整个的巨猿骨骼，但是他们通过对巨猿生活时代之前、同时代以及现代猿外形的认真比较，把巨猿的形态进行了合理的复原。

简单来说，复原过程就是根据牙齿和下颌骨复原出与之匹配的头骨，接着根据头骨复原出整个躯体骨架，然后再用皮肉和毛发加以"润色"，这种方法比较合乎复原体的本来面目。

科学推测

最后，复原学者们推测出，巨猿是一个高达3米，体重达544千克的庞然大物。

当这种怪物穿过森林的时候，它沉重的脚步引起地面的震动，足以将原始人类吓得四散奔逃。人们也许会担心，当时那么弱小的原始人类是怎样与如此高大、凶猛的怪物同处一个时代。

里克称，早期人类可能和这种巨猿面对面接触过，不过，他们是比较幸运的，这种史前巨猿很温柔，根本不杀生，更谈不上吃人了。

根据对其牙齿的化学分析，可推测出巨猿是彻底的素食者，最喜欢的食物是竹子，偶尔也吃树叶和果实。

里克指出，实际上身体巨型化在食草动物中是很普遍的一种趋势，个子大了既能减少天敌的威胁，也有利于食草动物间的竞争。以前人们总认为，越大的动物越凶猛，其实并非如此。

50年前，大猩猩还被视作凶神恶煞，但现在已经证明它们是非常温顺害羞的动物。依此类推，巨猿也应该是"和平主义者"。由于雌性巨猿的体型只有雄性的一半，那么它们很可能也像大猩猩一样集小群生活，以一只成年雄猿为领袖。

巨猿灭绝

一般而言，大型动物食量大、繁殖慢，对环境变化的适应能

力较差。在巨猿生活的末期，正是冰河期反复出现，整个北半球气候多次剧烈动荡的时期，而它们的主要食物竹子，还有一个几十年一遇的竹子集体开花期，这些都给巨猿的生存造成了极大威胁。

当我们联想到大熊猫在受到人类充分"照顾"的条件下还生存得如此艰难，巨猿的灭绝也就可想而知了。也许还有一个更不应该忽视的因素，那就是人类。

根据"走出非洲"学说，现代人的祖先在80万年前进入东亚，在这里遭遇了庞大而迟钝的巨猿。过了50万年，巨猿消失了，而人类依然存在，而且更加强大。

有研究人员认为，由于当时人类比巨猿更为敏捷，残酷的竞争迫使巨猿把竹子作为主要的食物，而狭窄的饮食结构使得巨猿在与人类的生存竞争过程中处于劣势，从而导致了巨猿的灭亡。

也有学者认为，因为巨猿的头盖骨和大脑生长跟不上躯体发达程度，其进化便停止了，随后也在地球上消失了。

在线小知识

对于巨猿的灭绝，有学者通过研究作出结论：它们的灭绝是因为巨猿的头盖骨和大脑的生长跟不上躯体发达程度，也就是说，它们的身体在长大，但头脑的进化停止了，随后才在地球上消失的。

是野人还是棕熊

关于棕熊

据《悉尼先驱早报》报道，一名日本登山队员试图结束数十年来人们关于喜马拉雅野人是否存在的争论，他声称，经过长达数十年的研究，他已经揭开了喜马拉雅野人罩在人们心头的种种谜团：这种类似猿的神秘怪物实际上是棕熊！

在西藏进行了20多年野生动物考察和研究的专家刘务林说，根据他在野外的考察和分析，传说生活在喜马拉雅山区的野人或雪人，很有可能就是与人体型相似的棕熊。

而一些保存下来的所谓的野人皮张和骨头，实际上也是能够

确认的动物。例如工布江达县一寺庙的一张野人皮，其实就是棕熊皮，只是外表颜色和一般的棕熊不一样。

关于野人

而那些关于野人的脚印经过分析，都缺乏足弓，实际上是棕熊留下的脚印，因为棕熊后足仅具趾垫和掌垫，酷似人的脚掌。

棕熊是属于我国重点保护的野生动物，多生活在海拔3500米以上的地带。由于喜马拉雅棕熊生活在自然条件恶劣的雪域高原地区，所以它和其他棕熊比起来，体格要更加的高大。

棕熊的耐寒能力特别强，爬起山来如履平地，并且非常喜欢直立行走。而棕熊有许多看似人的行为的地方，所以，使当地许多老百姓受到迷惑，误认为是野人。

现在藏北高原仍流传着棕熊与牧女的传说：雌性棕熊专害女

人，雄性棕熊则喜欢劫持美女，并能与美女生下后代。

确实，在现实生活中，藏北被棕熊伤害的大部分人是妇女，后来被猎人射死的棕熊又大半是雌熊。

关于棕熊，在西藏安多县曾有一个有趣的传说，据说在一个被人称为"折蒙拉康"，即意为"棕熊的经堂"的天然岩洞中，藏北草原上的棕熊每隔几年的夏天都要去洞中聚会一次。

届时，大小几十只棕熊从四面八方赶来，自觉排成单行长队，按顺序进洞，几天后又排队出洞，分散开去。

它们到洞中去干什么？为何那么有秩序？又为何能够准时从不同的地方赶到一起？它们是怎样相互联系的？其中原因迄今仍没有人知道。

相关观点

专家认为，从动物学、生态学的角度看，一个物种如果在世界上只有2000个以下个体，又不经过专门的人工繁殖，几乎可以肯定要绝种。

在一个封闭的小环境里，任何规模过小的动物都难以抵御自

然环境的压力和近亲繁殖的影响，如果不像大熊猫一样抢救繁殖，必然会遭到大自然的淘汰，这是大自然的适者生存定律。

野人如果真的存在，它作为大型哺乳动物，有一个种群的最低数量极限，但目前各地发现的野人总体不超过200个，而且居住分散，环境恶劣，其近亲繁殖也不可能使他们生存到现在。

在线小知识

西藏野人之谜被列为世界四大奇谜之一。国际上组织无数次考察队对野人进行跟踪考察，但是没有得到一张野人照片，除当地百姓外，也没有一人看到过雪人或野人，只是得到过野人的足迹。

雪男足迹的发现与探索

雪男的特征

关于夜帝的传说最早可以追溯至公元前326年，在当地夏尔巴人的描述中，夜帝的身高从1.5米至4.6米不等，头颅尖耸似猿猴，红发披顶，周身则长满了灰黄色的毛发，两足行走似人，但步幅较人更大，步履也更为轻快。能在人类难于生存和行走的雪山之巅坚强生存。

在很多时候，除夏尔巴人对夜帝的存在深信不疑之外，外来之人对这种生物的存在都深感怀疑，只把它当作一类有趣的神秘生物传说。

从公元前326年起，世间就开始流传关于雪男的种种传说。在人们的印象里，雪男时而仁慈，时而凶猛。

1848年，我国西藏墨脱县西宫村桑达被雪人抓死，留在他身上的气味臭不可闻。

1951年，英国珠穆朗玛峰登山队埃德蒙·希拉里拍下第一张雪男脚印的清晰的照片。这脚印是在坚硬冰面的薄薄一层雪上留下的，长0.3米，宽0.18米，拇趾很大向外张开。

1960年，埃德蒙·希拉里又一次联合著名作家、冒险家黛斯蒙德·道伊格组织了一次探险。他们带上了价值上百万美元的装备，希拉里甚至在寺庙里接受了喇嘛送给他的雪男的一块带发头皮，同时还带回来了两块身体其他部分的皮毛。

雪男足迹

新华社报道说，一支美国考察队发布消息称，他们在喜马拉雅山脉珠穆朗玛峰地区南侧的尼泊尔一侧发现了雪男足迹。

报道说，这支由9名美国电视台工作人员和14名尼泊尔人组成的考察队离开尼首都加德满都，前往尼泊尔东部的昆布地区进行考察和摄影活动。他们带着一只雪男足迹模型和有关雪人踪迹的影像资料回到加德满都。

考察队在当天举行的新闻发布会上说，一名尼泊尔向导一天晚上在海拔2850米的喜马拉雅山谷地带的河边发现了雪男足迹。

这名向导说："我当时非常激动，马上把考察队的人都叫到现场。他们带来摄影机和照相机，并为足印做了模型。我们发现，最大的足迹约有0.3米长，还有一些小的足迹不够清晰。我们确信，这就是我们要找的那种微驼着背、直立行走、长着黑色长毛、类似猿人的庞然大物雪男。"

在线小知识

雪男称呼较多，如夜帝、雪人。是生存在喜马拉雅山脉的野人，现属于未确认生物体，是和美洲大脚怪、湖北神农架野人齐名的大型未知猿类生物。雪男同其他野人一样，有很多目击资料。

发现疑似野人物体

突遇黑色长毛怪

2006年10月的一天，江西省宜黄县新丰乡仙坪村村民江美华和村里其他人约好一起去山上采野果。两个多小时后，他们到达目的地，看着满山的野果，江美华和村民们兴奋不已。

"是我第一个看到的。当时它离我只有一米远。它坐在毛竹林里，本来想看清它的脸，但是被叶子挡住了。"在采野果时，江美华第一个发现了黑色长毛怪物。因为距离非常近，江美华吓得迈不动步。他大声惊呼村民快过来看，"这里有个长满毛的黑色怪物！"

在村民们都过来看的时候，黑色长毛怪物站了起来。"它有两米多高，正在吃野果。"

江美华现在谈起还心有余悸，"看到它站起来，我赶紧扑倒在地上。估计它看到我们人多就跑开了，跑的样子和人很像。"看到黑色长毛怪物走了，江美华和村民们立刻向山下狂奔。

下山后，惊魂未定的村民们直呼遇到了野人。山上有野人的事马上传遍了整个村，村民们都很后怕，大家讨论得

沸沸扬扬。村干部马上向上级汇报了这件事。

再次发现不明脚印

在山上看到黑色长毛怪之后，在还没有硬化的新水泥路上，出现了一行不明脚印。"当时村里在修水泥路，路还没修好，就被一些熊也不像，虎也不像的脚印给踩了。"县林业局工程师彭贤文说。

莫非"长毛怪"走到水泥路上了？既不像熊，又不像虎，那到底是什么东西？难道真的有野人？

专家推测可能是黑熊

宜黄县位于江西省中部偏东，境内有许多珍贵的动植物资源。新丰乡仙坪村附近鱼牙嶂自然保护区的山脉海拔1500米左右。

仙坪村村民看到黑色长毛怪后，县里就马上派人到现场调查。彭贤文就是其中一个。

彭贤文告诉记者，当时是看过这个不明物体的村民带他们上的山，在发现长毛怪的地方，专家们发现了一些脚印。根据遗留的脚印推断，可能是熊。彭贤文说，只是可能，因为没有见到实体，不能判断到底是什么。

就在村民为野人事件议论纷纷的时候，对于这个不明物体，专家们也在尽力调查。

宜黄县野生动物保护部门的专家楼建辉说，村里上报以后，

他们马上赴当地了解情况。但究竟是什么物体，他们没有办法鉴定。不过，据彭贤文称，在进行鉴定的时候，有人提出可能是"巨猿"。那么，到底是巨猿还是其他怪物，现在还没有确凿的证据。

在线小知识

村民们发现的是不是野人？当地众说纷纭。根据村民所描述的野人形象，专家推测是黑熊和巨猿。到底是什么动物，由于没有看见实物，专家也不能肯定，因为没有第一手资料的猜测是不科学的。

畸形人是杂交野人吗

发现畸形人

1997年突然传出在湖北省长阳某地发现一个畸形人，据说是其母被野人掳去后生下的"杂交后代"。

此人已于1989年去世，其尸首被送到科学院进行鉴定时，证明这畸形人实为"小脑症"患者，根本不是什么野人的"杂交后代"。到目前收集到的被疑为野人的直接材料只有毛发、手脚标本和头骨。

野人的真面目

野人究竟是什么？它真的存在吗？在众多目击与遭遇野人的事例中，除去那些因明显夸大、渲染而失真，甚至有意或无意的捏造外，多数情况是目击者处于精神紧张和恐慌状态，或距离甚

远和能见度较低，误将某些已知的动物看成野人，或是根本就不认识某些动物而将其错当作野人。其中涉及的动物有各种猴类、熊类、苏门羚等。

《遂昌县志》中曾记载古代有一种叫"玃"的动物，称"玃似猴，大而黑"，实际上也是一种短尾猴。《黄山志》上也有"猩猩"一说，认为猩猩是出现的野人，其实就是黄山短尾猴。所以国内不少地方出现的所谓小型野人，可能都是短尾猴造成的错觉。将熊当作野人也不乏其例。

科学家在神农架考察时，曾对打死野人的事例查访落实，发现打死的是黑熊。

尽管对野人的存在基本上持怀疑态度，但科学家依然相信，在人迹罕至之处不能完全排除野人存在的可能性，因为在发现野人的地方，至少还有5％的证据有待我们去澄清，有待我们去进一步探讨。

森林怪物真的来了

发现黑熊

1962年2月，住在美国加利福尼亚州克莱圣特的伐木工罗巴德·哈特费尔特走访了住在森林地区的朋友巴德·琼肯斯家。刚走进琼肯斯家的院子，突然，主人的家犬紧张地狂吠起来。

哈特费尔特感到奇怪，环视四周，突然发现20米以外的院子外面，有个长着人脸模样、毛发很长的怪物正隔着篱笆朝里窥探。篱笆高约1.8米，怪物从上面探出头来，它的身长至少在2米以上。

"啊！是黑熊！"哈特费尔特一见，慌忙朝屋子里奔去。

"是个大黑熊！"一进门，哈特费尔特就气喘吁吁地告诉主人，他们赶忙拿起猎枪来，跑到门外一看，那只巨大的怪物已经无影无踪了，只有在房子周围留下一些很大的脚印。

抓获野人

1957年夏天，苏联科学家普罗宁博士在被称为世界屋脊的中亚帕米尔高原上，用望远镜发现了

山谷对面的这种奇怪的动物。他这样谈及自己亲眼目睹的情景："野人的身体部分和人类相似，手臂很长，脸的大部分和整个身体都覆盖着一层灰色的毛，身高在两米以上。据当地人说，这种动物不袭击人，吃树根、果实，也吃老鼠、黄鼠狼、兔子等小动物。"

1941年冬天，苏联的卡拉佩强大校在高加索的布依那库斯克也看到过被当地人抓获的野人。

他记述道："野人的模样与人十分相似，胸、肩、脊背上长满了乱蓬蓬的褐色的毛。但是，脸部、手掌、脚底的毛长得很稀疏，头发也是深褐色，长长地披落在肩上。身高1.8米以上，胸部宽厚，体格健壮。

据看管的人说，野人性格暴躁，身上的气味十分强烈，没办法把它放置在家里。"

大千世界真的居住着既非人类又非猩猩之类的类人猿的动物吗？这还有待于进一步的考察研究。

在线小知识

这种动物不是人类，也不是类人猿，而是一种更接近人类的动物。它们极少露面，仅在苏门答腊、蒙古、西伯利亚和北美西北部的森林地带有人目击过。它们有个共同的特征，就是毛发很长。

长着翅膀的怪物飞人

神秘的长毛怪物

美国出现一种似人非人的怪物，目击者分别说怪物身高2.4米，约重140千克，全身都是淡颜色和粘满污泥的长毛。

马菲兹布罗的警察部门听到消息，全体出动进行搜捕。他们一行14人，带着一只猎犬，在灌丛中展开搜索，追踪怪物。

断枝和践踏过的草坪形成一道隐约的痕迹，显示怪物走过的路线，草上一块块的黑粘泥很像彻里尔·瑞伊的房子与河之间那些污水里的软泥。搜索的人一直追到一座废弃的谷仓，怪物的足迹在那里消失了。

后来，有几次听到刺耳的尖叫声，在满是泥泞的河岸又发现奇怪的脚印，猎犬也因嗅到不寻常的气味而惊慌起来。

大群荷枪实弹的猎人在那里四处搜索，可惜始终找不到神秘的怪物。

奇异的蛾人

1966年，有两对夫妇在美国西维吉尼亚州维勒姆附近去乡村看朋友时迷了路。他们开车经过一座古老的磨坊时，天空飘散下来许多灰尘。

一位女士仰起头，目瞪口呆地看到有两个红色的圆盘状的东西，在黑暗的夜空中闪闪发光。

这两个圆形物体直径大概是2英寸，就像是挂在天空中似的。接着，它开始向他们的汽车移动，车上的人终于看清，原来这是巨人的双眼。

在车灯的照射下，两对夫妇看到一个巨大的黑影耸立在那里。黑影的身高足足有两米，它的两只眼睛，像血液般赤红，像车灯般闪亮。它的背部也特别奇怪，好像停在树上的老鹰似的两腋叠着翅膀。翅膀的形态与其说像鸟的翅膀，不如说像蝴蝶和飞蛾的翅膀。

两对夫妇一起屏住呼吸注视了5分钟左右，突然那奇怪的影子开始改变方向，拖着脚步走了。

载着4个人的车子拼命地逃着。但是那怪物尾随着车子追着。不知什么缘故，它一点也没有扇动翅膀，就像在空中滑行似的飞了过来，而且还可以听见怪物发出"吱吱"的像老鼠般的叫声。这个奇怪的鸟人，由当地报纸取名为蛾人，意思是能够飞翔的人。

神秘的飞人

此后一年之间，该地区共发生26起"飞人"事件。某机场的5位飞行员曾看见飞人在俄亥俄江面100米上空中以极快的速度在飞翔，翅膀静止不动，表面上看不出它在用劲。

　　当它飞越机场时，这5个人发觉它的脖颈特别长，而且不断地向左右两侧扭动头部，仿佛在仔细观察整个地区。

　　当飞行员找来一架照相机跳上一架飞机企图截住怪物拍摄时，飞人已在河边消失了。

　　美国空军的档案里也有一份关于飞人的报告，作者是内布拉斯加州的威廉拉姆。事情是这样的：

　　1922年2月22日下午17时，莱姆先生正在郝贝尔附近打猎。突然，他听到空中传来一声尖锐的怪声，莱姆立刻抬头，他看见一个又大又黑的东西在天空飞翔，似乎是人的模样。

　　然后，这个奇怪的东西像飞机一样降落，开始在厚厚的雪地里走路。他足有两米多高。莱姆先生原想跟着他，但在积雪里，想快些走并不容易。最后筋疲力尽没有追上他。

其他国家的飞人记录

　　1963年11月16日，英国肯特郡斯坦丁公园附近，4个小伙子

参加完舞会，正一起走路回家。他们突然听到有树枝断裂的声音，接着一个长着一双翅膀的黑色庞然大物出现。

1979年9月，俄罗斯中部的小镇那高空也有人看见过类似的生物。

黄昏时分，一个名叫伊戈尔库利绍夫的学生和一个女孩走在田间，太阳渐渐西沉。他看到在地面上方30米的天空，有一个黑色的物体在飞。

当这个物体渐渐靠近时，伊戈尔看清了是一个人形的生物，

身上穿的像是中世纪的银色铠甲。这个飞人飞过他们的上方，消失在树丛的方向。

神秘的飞人，又给人类留下一个神秘的谜。

在线小知识

美国空军的一份被曝光的秘密文件称，地球上确实有人曾看见过这种飞行生物，并且记录了下来。报告中描述了一种黑色物体就是被美国空军称为不明飞行物的"长翅膀的人"。

笔直的动物脚印之谜

脚印的发现

1855年冬季的一个清晨，英国迪蓬夏白雪铺地，一派冬色。突然，有人在雪地上发现了一个从未见过的奇怪的动物脚印，这个发现使整个村子顿时轰动起来。谁也没有目睹过这种动物。

根据脚印判断，动物的身体异常轻盈。在高高的房顶上，狭窄的围墙上，用栅栏围起来的小院子里和空地上，几乎所有的地方都清晰地留下了它的脚印。从脚印可以看出，这个奇怪的动物以迪蓬夏为中心，行走了数十千米。越过原野，穿过山谷，甚至轻而易举地渡过了3000米宽的海湾。

英国的报刊很快登出了有关这种奇怪脚印的种种消息。伦敦发行的《周刊画报》报道："根据现场调查，星期五早上在迪蓬夏雪地上发现的奇怪脚印，其形状与驴蹄十分近似，长0.1米，宽为0.07米。如果是普通的四足动物，行走时左右脚应该是交叉迈步的，但是，这个动物像人一样，一步一步笔直朝前走。脚步的间隔约0.3米，它横穿住家的院子和空地，即使前方有房子、像小山似的草堆、高墙、紧拴的门户，它都可以视若无睹，轻而易举地用相同的步子跨越而过，决不因为有物体挡道而改变自己的路线。"

脚印再次发现

无独有偶，1945年1月10日，比利时下了一场罕见的大雪，

　　积雪达1米深。这天，人们在位于首都布鲁塞尔与卢邦市之间的谢特·德·孟庇尔山峰上，发现了奇怪的动物脚印。银装素裹的大地上，留下一串醒目的脚印，一直延伸至800米远的小树林里，在那儿一下子消失了。这串脚印的长均为0.06米，宽为0.03米左右，脚步之间距离为0.25米。步子成直线，乍看近似山羊的脚印，但是4条腿的山羊的脚印无论如何是不会笔直朝前的。

　　脚印事件出现后，引起了相关人士的极大兴趣，很多人到事件发生地去勘查，研究。人们设想，有可能这种动物栖息在南极和北极荒无人烟的地方，它们和人类一样有两只脚，长着信天翁那样的翅膀，能在一夜之间轻松自如地飞到很远的地方。

　　有人认为，它们可能是一种既像鹅一样能在地上行走，又像骆驼一样能经受极其严峻的气候条件，脚掌宽平、中间低凹的动物，但这种说法也没有证据证实。

雪人不解之谜

雪人起源

1921年，英国考察队在考察珠穆朗玛峰时，发现雪地上有类似人的奇怪的脚印。自此，雪人的名字便传播开来。人们想象，这种雪人是某一类住在高原上的人，生活在终年的冰天雪地里，或是满身长着雪一样白毛的人。

实际上，根据迄今所搜集到的资料看来，这些生物只不过在外表上像人，实际上却像动物。他们没有发音清晰的语言，不会使用工具，也不懂得用火或穿衣裳，身上长满厚厚的毛。他们往往生活在人迹罕至的山谷之中，多在晚上或夜间出来觅食。

曾经有住在喜马拉雅山山脚下的当地居民声称，见到了传说

中的大雪怪，还捡到了雪怪的毛发。经过科学家比对，发现这种毛发完全不存在于当地已知的动物身上，这使这种神秘生物的真实性大大提高。

前苏联的研究人员一向把他们称之为"残留类人生物"，残留是用以表示他们同人类进化而来的祖先之间的联系。

有关论著

苏联著名科学家、历史和哲学博士波什涅夫教授于1963年发表了题为《残留类人生物问题的现状》的专题论著，文中记述了丰富的情报以及同目击者的无数次谈话情况，对类人生物进行了理论上的分析。波什涅夫认为，只有近代人类才能真正叫作人，而所有其他类别的我们两足类祖先都只能叫猿人。他认为，残留类人生物是更新世晚期、旧石器时代中期的尼安德特人残留下来的后代，他们在自己的生物发展过程中经历了某些演变，从而形成人类进化过程上的一个分支。

1978年5月，在加拿大温哥华举行的一次科学讨论会，美国、加拿大和英国的人类学家、人种学家和心理学家进一步研究讨论了类人生物的问题。有关这次会议讨论的情况，发表在1981年出版的《对类人怪物的审讯，早期记录与现代证据》文集中。

科学考察

在理论研究的同时，对雪人的实地调查也一直在进行，其目标是寻找这种野人的脚印并要找到他们。传统上讲，雪人是同喜马拉雅山联系在一起的。但是在最近20年间，类似的野人和他们的脚印也曾在美国和加拿大的太平洋沿岸的山脉地带时有发现。

一名美国的摄影师在2007年9月意外拍摄到这个奇异生物，它全身长毛、用四肢屈膝行走，这个大怪物也因此轰动全球。另外一支考察团则是在文殊河河岸沙地上发现了3枚脚印，其中一枚脚印长约33公分，特别清晰，极有可能是在被发现前24小时留下的。

美国人类学家克兰茨研究了在北美发现的野人脚印，并根据

脚印复制了一只野人的脚，它同人的脚形极为不同，然而它的某些特点同尼安德特人的脚化石的特征却是一致的。

2007年12月，一支美国考察队发布消息称，他们在喜马拉雅山脉珠穆朗玛峰地区尼泊尔一侧发现了雪人足迹。这支由9名美国电视台工作人员和14名尼泊尔人组成的考察队是于11月24日离开尼首都加德满都，前往尼东部的昆布地区进行考察和摄影活动的。

11月30日，他们带着一只雪人足迹模型和有关"雪人"踪迹的影像资料回到加德满都。考察队在当天举行的新闻发布会上说，一名尼泊尔向导11月28日晚上在海拔2850米的喜马拉雅山谷地带的河边发现了雪人足迹。

这名向导说："我当时非常激动，马上把考察队的人都叫到现场。他们带来摄影机和相机，并为足印做了模型。我们发现，最大的足迹约有30多厘米长。还有一些小的足迹不够清晰。我们确信，这就是我们要找的那种微驼着背、直立行走、长着黑色长毛、类似猿人的雪人。"考察队表示，他们将对此进行进一步的科学考察和研究。

在线小知识

传说在尼泊尔喜马拉雅山区住着一种身高3米、半人半猿的大雪怪，据说它力大无比，在森林中和雪地上健步如飞，平日它直立行走，但受到攻击时则会匍匐快跑。

神出鬼没的多毛怪物

俄罗斯野人

在西伯利亚，有许多关于俄罗斯野人的传闻，我们发现，人们对西伯利亚各地野人的描述，有惊人的相似之处。这些多毛动物在冻土地带和针叶森林中神出鬼没，于是引出许多简直令人难以置信的故事。

西伯利亚的荒凉和辽阔是难以想象的，它的整个面积超过1200平方千米。尽管有很多人移居这片土地，但这里的人口密度仍然很低。西伯利亚土生土长的居民大都是半游牧的驯鹿人家。

关于野人的故事，很大一部分就是这些牧民述说的，其他一部分，则是科学工作者和学者们的报道。

这些外来客出于业余爱好，对考察野人产生浓厚的兴趣，他们借助当地居民的描述来核对资料。很多戏剧性的见闻，往往就发生在当

地人劳动的地方。

赤身裸体的野人

在离河300米的地方，人们正在堆集干草。附近有一间草屋，是割草时临时居住的地方。人们突然发现，河对岸有两个从未见过的怪物，一个矮而黑，另一个身高超过两米，身子灰白色。它们看起来像人，但人们立即认出并不是人。大家都停止割草，呆呆地看它们在干什么。只见它们围着一棵大柳树转。大的白怪物在前面跑，小的黑怪物在后面追，像是在玩耍，跑得非常快。它们赤身裸体，奔跑了几分钟后，飞快地跑远，然后就不见了。

人们赶快跑回小屋，待了整整一个小时，不敢出来，然后，人们就抄起手边的东西当武器，带上一支枪，乘一艘小船，驶向对岸怪物玩耍过的地方。

在那里，人们见到许多大小足印，在柳树的四周围。人们已记不起小脚印的痕迹，但当时注意观察了大的足印，确实很大，像是穿冬季大皮靴留下的印记，不过脚趾看来是明显分开的。较清楚的大足印共有6个，长度都差不多。脚趾不像人的一样地拼在一起，而是略分开一些。

在线小知识

考察者搜集的野人资料表明：野人经常偷走猎户的动物尸体。由此可知，野人是食肉类种。学者推测，西伯利亚野人在进化中，出现了退化现象，也正是这一点，才使野人成为西伯利亚一大谜团。

野人考察

　　为了解开野人的谜底，我国组织了多起野人考察活动，他们从发现的毛发、脚印、粪便等方面入手，进行科学的验证，分析，已经获得了第一手证据，但野人的秘密远还没有揭开。

野人的科学考察

我国野人考察

对野人进行科学考察和研究是在新中国成立后才开始的。40多年来，我国科学工作者对野人进行过多次考察，尤其是我国在鄂西北神农架一带，从1976年开始，由中国科学院与有关单位组织的多次进山考察，取得了可喜的成果。除此之外，在我国的四川、陕西、西藏、新疆、广西、贵州、云南等10多个省区都有野人行踪的报告，令人遗憾的是至今没有一例活野人被抓获。

西藏野人考察

我国最早进行野人考察活动是在西藏喜马拉雅山区。雅鲁藏布江中下游、喜马拉雅山南地区及东部峡谷区都生长着茂密的原始森林，盛产野果及各种动物。原始森林保存最好、面积最大的野人避难所恐怕就属辽阔的喜马拉雅山了。

20世纪80年代中期，中国野人考察研究会会员、西藏文联作家肖蒂岩经过几个月的初步调查，了解到许多重要线索。四川大学童恩正副教授作了《西藏高原——人类起源的摇篮》的学术报告。

成立研究会

以神农架为中心的湖北省野人考察

研究工作多年来不断取得进展，他们广泛搜集了目击资料，灌注了一批石膏脚印，鉴定了一些毛发。发现和研究了多起可疑的粪便、睡窝和吃食现场，对环境进行了综合考察和多方面的科学分析，制作了大量植物标本和部分动物标本，积累了近百万字的文字资料，特别是有3个考察队员曾一起目击到一个巨型野人。

研究结果

1983年7月，武汉医学院法医学教研室也曾对神农架及附近6个县发现的"红毛野人"毛发进行了科学鉴定。该教研室黄光照副教授宣布："通过肉眼检查、光学显微镜下观察、横切面检查及毛小皮印痕检查，发现这8种'野人'毛发，其毛发小皮形状特征基本上类似人毛发。"

观察所见8种野人毛发，毛发皮质均发达，可见纵间细纤维，皮质色素颗粒少，并且多呈外围性分布。这说明8种野人毛发皮质的组织学特点与人类相似，而与大猩猩、金丝猴、猿猴、长臂猿等灵长类动物毛有较大差异，明显不同于猪、狗熊、绵羊等动物毛发的特点。

在线小知识

考察队在野人出没的地方发现了野人的6堆粪便，他们从这些粪便中，发现了未消化的果皮以及昆虫蛹皮。野人粪便直径0.025米，这些粪便与熊、猴、猩猩的均不相同，而且与人的粪便有差异。

125

搜集野人的证据

毛发鉴定

　　1977年6月19日晚，湖北省野人考察队队员李健接到一个紧急电话，说房县桥上公社群力大队女社员龚玉兰和她的4岁的儿子杨明安在水池垭路遇野人，"野考"队员黄石波等人立刻赶到现场，找到龚玉兰了解情况。

　　在龚玉兰的带领下，他们找到野人蹭痒的那棵大松树，并在那棵树上取下几十根棕褐色的毛。毛是从1.3米至1.8米高处的树干上找到的。从形状、粗细来看，与人的头发十分相似。

　　后经武汉、北京等科研部门用显微镜观察，并与灵长目的动物猕猴、金丝猴、长臂猿、大猩猩、黑猩猩以及现代人的毛发作

了比较。结果证明：野人毛主要形态结构特征明显不同于上述灵长目动物。以后又从7个地方找到了7份野人毛发，均是如此。

脚印

在神农架板壁岩下，一次发现100多个脚印，最大的脚印长达0.42米。考察队首次灌注出5个石膏模型。

经公安部门技术员鉴定，判断出既不是人的脚印，也不是其他动物的脚印，可能是野人的脚印。这个野人身高大约2米左右，体重约150千克。

野人窝

1980年6月上旬，考察队员在红岩子西南坡海拔2680米的竹林中，发现用箭竹编成的窝，每束竹子约七八根旋转编织，形成沙发椅，长约0.89米，高约1米。

同年6月5日，考察队员在枪刀山也发现了用竹子编织的窝，把90根竹子扭成一把，互相压在一起，成圆椅状，长1.5米，距离50米处又发现0.42米长野人脚印。

如果不是用手劳作的话，是编不出这种窝的，人又没有这样大的力气，当时认为这是力大无穷的野人的杰作。

在线小知识

1980年"野考队"发现近千只野人脚印，最大的脚印为0.48米，步幅最大为2.2米。中国野人考察研究会执行主席刘民壮断言：脚印是间接证据，脚印多证明神农架是野人老窝，有野人群体。

分布各地的中国野人

神农架林区野人

　　2007年11月18日，前来神农架踏勘越野自驾线路的张先生，会同林区向导王东一行5人前往老君山、里叉河一带。中午12时许，快速行进的越野车到距里叉河管护所约1000米处的简易公路上。在绕过一个缓弯后，张突然看到前方约50米处的公路上，一高一矮两个浑身黑色的直立的"人"，在公路下方右侧对着来车，两"人"相距很近，高的似乎还拉着矮的。

　　发觉来车，反应迅捷的两个"人"，飞身闪入公路下。　他们发现，大野人的脚印长0.3米，脚跟部宽约0.08米，掌部宽约0.12米。小野人的脚印长0.18米，有外侧稍呈弓形特点。目击者张先生讲，两个"人"高的约1.7米，矮的约1.3米，形体看上去精瘦，

浑身似黑色毛发，好像当时转过脸来，但没能看清面部。这两个野人身形矫健，反应迅捷，非一般常人所能想象。

秦岭地区的野人

有关资料记载，20世纪50年代初，现在太原钢铁公司退休的攀景泉在秦岭北段进行地质普查，曾亲眼目睹母子野人。小野人在远处摘栗子，母野人则发出非驴非马的"咕咕"声。

1977年7月21日，陕西省太白山林区护林员杨万春等再次与野人相遇。他们描述，秦岭野人高约2.3米，其肩宽于人肩。野人的头发呈暗棕色，散披两肩。爬坡速度很快，嘴里会发出"咕哝"声音。

江西宜黄野人

2006年10月，江西省宜黄县新丰乡仙坪村也报告有野人出现。当月中旬，村民江美华上山采野果时，发现黑色长毛怪物。

他描述当时的情景时说："当时它离我只有一米远。它坐在毛竹林里，本来想看清它的脸，但是被叶子挡住了。有两米多高，正在吃野果，跑的样子和人很像。"

在线小知识

河南省西峡也有目击野人的事例，如1970年夏，当地村民尤福贵在东坡种地，曾见一个野人在西坡从西向东走去，走了约有500米，它的步子很大，一步有2.3米至2.6米，在低树丛中经过。

神农架的野人踪迹

神农架野人历史

野人是世界四大谜之一，野人这个称呼，为群众习惯用语，由于目前还没有捕捉到活的个体，也没有取得完整的标本，因此，一些科学工作者称之为"奇异动物"。

从目击者讲述的情况中，有的看见被打死的野人，有的挨过打，有的看见野人被活捉，有的被野人抓后又逃了回来，还有人看见野人在流泪，也有野人向人拍手表示友好。直至1976年5月14日，神农架林区的6位干部在椿树垭同时见到一个红毛野人后，才引起有关方面的重视。

神农架野人考察

从1976年开始，中国科学院和湖北省人民政府有关部门组织

科学考察队对神农架野人进行了多次的考察。

在海拔2500米的箭竹丛中,考察队发现了用箭竹编成的适合坐躺的野人窝。这种野人窝由20多根箭竹扭成,人躺其上,视野开阔,舒服如靠椅,经多方面验证,此绝非猎人所为,更绝非猴类、熊类所为,它的制造与使用者当然是那介于人和高等灵长目之间的奇异动物了。

对搜集到的野人毛发,科学工作者从光学分析鉴定到镜制片鉴定,从对毛发微量元素谱研究和微生物学测试等,各项研究所取得成果表明,野人毛发不仅区别于非灵长类动物,也与灵长类动物有区别,有接近人类头发的特点,但又不尽相同。参加研究的科学家认为,野人属于一种未知的高级灵长类动物。

科学工作者对野人的脚印的观测研究表明:在神农架所发现的野人脚印与已知的灵长类动物的脚印无一等同,比人类的脚落后,比现代高等灵长目动物的后脚进步。两脚直立行走,可确信一种接近于人类的高级灵长类动物的存在。

考察队在神农架还发现了很多野人的粪便，其中最大的一堆重1.6千克，内含果皮之类的残渣和昆虫蛹等，可推想其食物结构。

神农架野人考察意义

考古专家王善才多年来一直在搜集有关"野人"的资料。他认为，在中国长江流域三峡地区古猿、古人类和巨猿化石不断出土，尤其是湖北巴东、建始一带曾出土过数百颗巨猿牙齿化石，证明那里曾是大型灵长类动物的家园。

他说，"野人"如果存在，可能是进化过程中不成功的介于人与猿之间的动物，这种动物理论上已经灭绝。但是，如果有一支像大熊猫一样，存活到现在，这对认识灵长类动物是怎样走过

人和猿分家的过程是很有帮助的，也就证明了"在人类进化过程中，确实存在一种亦猿亦人、非猿非人的高级灵长类动物"。

　　神农架野人是神农架山区客观存在的一种奇异动物，虽然已初步了解到这种动物活动地带和其活动规律，但要揭开这千古之谜，还需要进行一系列的科学考察，神农架旅游委员会已将"野考"作为一项旅游项目。

　　有一些科学家否认"野人"的存在，理由是迄今为止，人们未能找到令人信服的存在证据，并且数量没有足够多的动物种群，不可能走过几万年而存活至今。

在线小知识

野人的毛发和脚印

毛发检测

在人们都在呼唤野人的再次出现时，人类现已拥有数以千计的野人毛发标本，以红色为主，长短不一，发型或直或波曲，多数来自"祖传家藏"，也有极少数是在野外树丛里捡到。

有数十份材料经过各种手段进行检测，包括普通光学显微镜和电子显微镜检测，褪色试验，质子激活法——微量元素与荧光分析，角蛋白分析，电聚焦血型分析以及DNA法，作为对照的材料包括人、猩猩、牦牛及各种猴类等。检测的结果，除部分证明为已知动物，如牦牛或人发，多数与对照物有差别，但也无法肯定是野人，关键是缺乏真正属于野人的毛发来作为对照。

2010年11月22日，神农架国家级自然保护区在其网站首次公布所获得的不明动物毛发显微照片。

照片显示，此次获得的不明动物毛发与人发及马尾毛发区别明显，不明动物毛发粗细介于马尾和人发之间，但马尾毛外表粗

糙，有众多外翘鳞片，人发次之，而不明动物毛发显得出人意料的光滑。人发因其为深黑棕色无法看到内部构造，马尾毛及不明动物米色、浅棕毛发都能通过调焦看到内部发腔壁及髓质空腔，但是区别明显。

显微镜下，马尾毛腔壁厚实，腔壁与髓质界限模糊，色彩渐变过度，髓质呈深色，而不明毛发腔壁明显要薄，与髓质界限分明，髓质呈浅色。在不明动物一根米色毛发带黑色发梢的部位，同样能看到内部完整的空腔。

观察人员用了将近半天时间来对比这三种毛发的表面特征和可以观察到的内部构造，比较一致认为，未知动物毛发确实无法判断为人发或者马尾毛。

毛发困惑

毛发标本中最令人困惑的是它的红色。早在宋代赵晋《养菏漫笔》中已提及"狒狒……发可为朱缨"，即野人的红毛可作为缨用。在哺乳动物中尚没发现鲜红毛发的例子，有的毛发明显是染成的，但究竟用什么颜料染成红色尚不得而知。

美国的一些专家曾检测了一份红毛，发现是人的头发染成的，并且居然是高加索白色人种的，而非黄种人的头发，它从何而来令人百思不得其解。总之，野人毛发，特别是红色毛发，值得深入研究。

脚印困惑

1977年8月在神农架八角庙龙洞沟一次大规模围捕野人的活

动中，发现的不明动物留下的脚印，脚印全长0.245米，前端宽0.114米，大趾与第二趾夹角40度，无脚弓，似保留有抓握机能，直立行走功能不完善。

脚印与毛发一样，同属令人困惑的证据。目前已发现不下2000个脚印，除单种少数几个连为一体外，还发现一长串的脚印，但所做模型不多，并且质量欠佳。

除在九龙山、元宝山、神农架等处，在新疆阿尔金山自然保护区的荒漠上也曾发现巨大的人形脚印。

这究竟是什么动物留下的呢？真是野人的吗？确实让人有些弄不明白。

国外学者也面临同样的困惑。喜马拉雅山上的雪人脚印，北美密林中"沙斯夸支——大脚野人"的大脚印，甚至脚印上还有趾纹与跖纹的印痕。

已有一些原先不相信雪人和"沙斯夸支"的科学家，在亲眼目睹到新鲜脚印后转变了怀疑的态度。

也正是这些脚印令我们相信，至少还有5%的野人存在的可能性，这就很值得我们去探索了。

在国外也发现过野人毛发。经有关学术单位的检验，甚至与多达90多种已知动物的毛发对照，也未能鉴定出究竟属何种动物，当然，由于缺乏真正的野人的资料，也无法肯定就是野人的。

在线小知识

神秘而古老的神农架

名称来历

神农架的名字来自于一个古老的传说。据传，还在人类处于饮毛茹血的远古时代，瘟疫流行，饥饿折磨着人类，普天之下哀声不断。

为了让天下百姓摆脱灾难的纠缠，神农氏来到鄂西北艰险的高山密林之中，遍尝百草，选种播田，采药治病。但神农氏神通再大，却也无法攀登悬崖峭壁。于是，他搭起36架天梯，登上了峭壁林立的地方，从此，这个地方就叫神农架。后来，搭架的地方长出了一片茂密的原始森林。

地理位置

神农架在三峡峡江北岸，是香溪河的发源地。沿着香溪河沟壑纵横的河道逆流而上，便进入神秘的神农架林区。神农架有6座海拔3000米以上的高峰。

整个神农架基本上是沿东西方向延伸，是湖北省境内长江与汉水的分水岭。神秘的神农架以岩壁如削、鹰岩兀起、飞瀑挂岩、云山腰赚、林海茫茫而著称。参天的古树密林形成了绿色的海洋，从9月至第二年4月，冰雪封山的季节，皑皑白雪遮住了这片神秘莫测的大地。

神农架的原始森林高达40余米，遮天蔽日，如青天玉柱，直

插云霄，遍布整个神农架。林内松萝蔓藤密挂枝间，银须飘洒，把整个原始森林装扮得奇秘莫测。

在神农架的主峰下面，是一望无际的高山箭竹，一片金黄，衬托出峰顶裸露的岩石，好似一列列断壁残垣，若隐若现。春天，色彩绚丽的杜鹃花竞相开放，满山遍野生机一片。

冬天，瑞雪纷飞，神农架林区，真是一片圣地，这里生长着2000多种植物，聚集着500多种野生动物。

野人存在

奇秘的神农架，更神更奇更秘在于有野人存在。野人头发较长，前面可遮住额头或面部，后面自然披于两肩，好像梳披肩发的妇女。野人的头不大，颈部转动灵活，矢状肌发达。

野人面部肤色较深，鼻孔上仰内陷。额部和胸部前突，手臂短而下肢长，手脚同时着地时，前低后高，手臂能自由转动。脚长0.29米至0.48米，比人脚长，脚形前宽后窄，无足弓，大脚趾与其余四趾对立。野人有的过着小家族生活，更多的是过着单独生活。

在线小知识

野人的这种活动方式与别的高级灵长目动物的活动有所不同，它们并不是过着群体生活，这可能是由于为了减少食物竞争的压力和防止近亲交配的缘故。

毛女和小黑人的传说

毛女记载

正德《琼台志·纪异》记载："文昌山中有毛女，山魈类也。裸身长乳，土人谓之'长奶鬼'，白昼入人家欺人，国初时有见之者。今人气盛，则无矣。时俗犹呼之以惊小儿。今都肄场端午剪柳肖其像，用惊人马。"

光绪壬辰重修《临高县志》卷三《纪异》记载："裸身长乳，常于白昼入人家。明初，时有见之者，今则不常见也。时俗呼之以惊小儿。今市尘中，值端午多剪柳肖其像，谓之曰'驱神'。"这两则记载，都是描述"毛女"的，虽然一则在文昌县，一则在临高县，但这两个毛女有着共同特征，即形似山魈，形态可怖；裸身长乳，有毛的雌性人形动物；白昼入人家，不是在晚间或早晚时刻；不是吃人、咬人的动物。

有关见解

当代学者曾昭璇有这样的见解：海南毛女灭绝于正德年间，是由于人口增加、山林减少的结果，也和我国各地野人灭绝趋势一致。海南毛女栖息于五指山区，也和大陆野人生长环境相似。因此，海南毛女的记录，是有科学价值的，即暗示我国亚热带林区仍会有珍奇类人动物存在。

小黑人记载

除了毛女之外，海南还传说着一种类似野人的小黑人，当地黎族称之为"族栈"。关于族栈，最早见诸文字的是王国全在《黎族风情》一书中的记述：很久以前在现今琼中县毛贵、毛栈地区的贺志浩石洞里，居住着一群野人，黎语称作族栈。洞口岭下有一个村子叫牙开村。族栈每日都要到牙开村人的山栏园里要饭和讨南瓜吃。

有一天，因族栈骗走并吃掉牙开人的小孩，小鬃黎人的祖先就动员了毛贵、毛路、毛栈二峒的人包围了族栈居住的山头，用木柴堆放在族钱住的石洞，放火烧了七天七夜，直至把族栈全部烧死在石洞内，族栈就这样绝种了。

在线小知识

从传说中，我们大致可以了解族栈的一些特点：一是群居山洞，并且位于五指山中部深处；二是以采集为生，不事耕种；三是只是一个单独的群体；四是其已经灭绝。

探索雨林中的小人国

小人特点

据说小人身高在0.76米至1.52米之间，身上披着短黑毛，脖颈后面长着浓密的鬃毛，有时这些鬃毛能一直延伸至背上。

它们的上肢比一般猿类动物要短，而且与苏门答腊岛上其他猿类不同的是，它们更喜欢在地上行走而不是在树上攀援。

小人留下的脚印很像是人类的小孩留下的，只是更宽一些。它们以水果和小动物为食。

目击雌性小人

目击者们常常说小人与人类看起来太相近了。居住在当地的一个名叫范·荷尔瓦丹的荷兰人说，他曾于1923年10月遇到过这种动物。尽管他当时随身带着猎枪并且是一个有经验的猎人，"最终却没有扣响扳机，我突然觉得我正在犯一起谋杀罪。"荷尔瓦丹观察到"这只动物的脸部呈褐色，几乎没有什么毛，前额绝说不上低。一对黑黑的眼睛灵活地转动着，十分可爱，就像人的一样。鼻子有些宽，鼻孔有些大，但说不上蠢笨。嘴唇很正常，但嘴巴在张开时却很宽。它的犬齿不时地显露出来，显得有些大，比人类的要发达得多。我所能看到的它的右耳与人类的特别像。手背上有少许毛。"范·荷尔瓦丹相信，他所看到的那只动物是雌性的，她大约有1.52米高。

相关考察

1989年夏，英国旅行作家德博拉·马特来到了苏门答腊西南部的雨林中。在那里，她的向导告诉了她有关小人的事情并指出在哪里能够找到它。马特对此表示怀疑，于是向导就把自己的两次目击经历告诉了她。吃惊之余，马特开始访问这一地区的居民并收集了许多目击报告。

"所有的报告都有一共同点，即这种动物有着大而突出的肚皮，这在以前有关这种动物的报告中是没有的"她写道。一些报告说那小人身上的鬃毛是深黄或茶褐色，另一些则说是黑或深灰色。马特提醒这些目击者说他们所见的动物可能是猩猩、长臂猿或太阳熊之类的，但他们坚决否认了这一点。

马特听说葛林芝山南部地区经常能看到这种动物，就只身前往。尽管她没能亲眼看到，却发现了一些足迹："每个脚印的轮廓都很清晰，连大拇指与4个小趾都那么清清楚楚。大拇指的位置与人脚上大拇指的位置是一样的。"每个脚印长约0.15米，脚

趾处宽约0.10米。马特补充说，"如果我当时的位置靠近一处村庄的话，我一定会以为这些脚印是由一个7岁左右的健康孩子留下的。只是大拇指即使对于一个习惯于不穿鞋的人来说，也显得有些太宽了。"

由于下着雨，光线也很差，马特拍摄的这些脚印的照片效果不好。但她还是设法制作了一个石膏印模型并带往森林公园的总部。公园的主任原来一直不在意有关小人的报告，他对马特说，当地人头脑太"简单"了。但当他与工人们看到马特的石膏模时，他承认这是一种他们从未见过的动物。不幸的是，这个石膏模型——这次事件最重要的证据——被送往印度尼西亚国家公园管理局之后，就再也没被见到或听到过。马特不断努力争取对这个石膏模进行鉴定或至少能拿回来，但最终都失败了。

非洲小人国

非洲小人国在中非、刚果（布）和刚果（金）三国交界处的热带丛林里。小人国的居民是非洲的俾格米人。据不完全统计，现在约有20万人。他们住在热带丛林里，过着与世隔绝的生活。他们依森林为生，自称是"森林之子"。

中非共和国也曾经试图让小人搬出丛林，过现代人的生活，但都失败了。小人们身材

矮小，一般身高为一米二三，最高的不超过1.4米。但身材长得很匀称，不像某些侏儒那样。他们不穿衣服，不管男女老少都是裸体，只在下腹部挂上一点儿树叶。

他们生活在热带原始森林里，主要以打猎和采集为生。男的主要打猎，他们的猎物甚至有大象和狮子。他们会制作一种麻醉剂，遇到动物以后，就用弓箭来射，这样动物就会捕获。女人主要是采集树根和野果。

小人吃熟食。他们打了猎物之后，便将猎物整个放在火上烤，然后就用手撕着吃。他们挖来薯根儿之后便放在一个容器里煮，然后捣碎，用手抓着吃。

他们完全过着原始社会的生活。没有自己的文字，只有自己的语言。他们没有数的概念，也没有时间的概念。他们的寿命一般在30岁至40岁之间。这主要是因为他们生活条件十分艰苦，缺乏基本的医疗卫生条件。

小人国是通过部族首领来管理。几户十几户为一个小的部落，大的部落有几十户到上百户。部落不分大小，都有自己的首领。首领通过自己的权威进行管理，例如：打猎回来他们将猎物平均分配，只是首领的那份比别人多些。

在线小知识

我国云南省的世界蝴蝶生态园里，生活着由100多人组成的"小人"群体，年龄最大的48岁，最小的18岁，个子最高的也没有超过1.3米。他们用的是迷你的桌子、迷你的凳子、迷你的床等。

神秘的大脚板雪人

名称由来

雪人，是喜马拉雅山区的野人，更多的时候，人们叫它耶提。在夏尔巴人的语言中，耶提的本意是石熊。在其他地方的夏尔巴人或者藏人口中，这种动物又叫密啼，意思是人熊，或者是祖啼，意思是牛熊。

耶提最早被西方人所知是在1832年，《孟加拉亚洲社会杂志》报道了英国行者霍奇桑声称他在尼泊尔北部旅行时，当地向导说看见了一只满身长满深色长毛的两足动物。虽然霍奇桑并没有看见过，但他认为那可能是一只红毛猩猩。

1921年，探险家伯里在西藏境内海拔大约6480米的拉喀巴山口附近发现了一些神秘的脚印。他随即问背夫，是什么东西留下的这些脚印？一些搬运工人脱口答道是"密啼"，其他的人也接

着补充道是"康密"。我们知道，"密啼"是人熊，而"康密"则是雪人。

拍到照片

20世纪50年代，雪人从少数探险家的沙龙里走向了大众。1951年，谢普顿在试图测量珠峰高度的时候在海拔6000米的地方拍到了一些模糊的照片。有人声称，照片上是明显的类人猿的脚印，而另一些人说那不过是些模糊不清的已知动物的足迹。

1953年是雪人历史上重要的一年。这一年的5月29日，新西兰人希拉里登上了珠穆朗玛峰的峰顶，全球为之轰动。他在事后接受采访时说，在山上看见过巨大的脚印。

2007年12月初，美国一家电视台科幻系列节目《终极真相》宣布：摄制组在尼泊尔境内珠穆朗玛峰山麓的河滩上发现了0.33米长、0.25米宽的脚印。他们认为，这可能是著名的雪人留下的。

揭开大脚怪骗局

北美大脚怪原来是人造

支持大脚怪存在的人有一个非常有力的证据，那就是1967年美国人帕特森用自己的摄影机拍下了一段长约60秒钟的大脚怪出现的珍贵镜头。摄影短片上的大脚怪肩宽近一米，毛皮黑色，用两足屈膝行走，有一对下垂的乳房，看上去很像一只大猩猩，但体态和行走姿势却显得比大猩猩更像人类。

据当时拍摄这段录像的帕特森描述，这个像人又像猿的大家伙正在河边喝水，帕特森猛然意识到这可能是传说中的大脚怪，连忙拿出摄像机拍摄，但是大脚怪很快起身返回茂密的森林。

这段录像引起了全世界无数科学家及探险者的兴趣，有的甚至亲自前往大脚怪的发现地美国加利福尼亚州北部某处山谷进行考察。后来，这段录像还被制作成了一部纪录电影，在全世界引起了巨大影响。

然而，2004年3月，美国华盛顿州雅吉瓦一名63岁的老人鲍伯·希罗尼穆斯却向新闻界透露，当年拍摄的那只大脚怪其实是自己披上大猩猩的毛皮道具装扮而成的。

原来，帕特森和希罗尼穆斯达成了一个君子协议，由希罗尼穆斯穿上大猩猩装，在镜头前进行一场特殊表演，酬劳和保密费共计1000美元。

不过，直至现在希罗尼穆斯连一分钱也没有拿到，因为拍摄录像的帕特森早在1972年即已去世，他说的话已是死无对证了。

希罗尼穆斯后来说："我一个子儿也没拿到，一个子儿也没有！那时候，我真是打算靠这个捞一笔钱，结果不少人因为那片子发了财，可我这个'大脚怪'扮演者却什么也没拿到。即使36年过去了，我仍然认为，我应该拿这笔钱。"

不过，希罗尼穆斯也为自己当年的行为而忏悔，他说："过了37年，我无数次翻看这段录像，从心理上无法容忍自己的欺骗行为。为了这个虚假镜头，许多科学家浪费大量的人力和财力去寻找'大脚北美野人'。"

录像的真假无法确定

录像带的拍摄者帕特森已经于1972年去世了，但是，当年和他一起拍下短片的那个同伴却还活在世上。

当听到了有关"录像带是世纪骗局"的说法后，吉姆林立即委托律师抗议，他说："当年没有任何人故意穿上大猩猩或猴子的服装，我亲眼看

到一切，骗局的说法是毫不可信的。"

帕特森已无法从坟墓里跳出来说明一切，所以录像带究竟是真是假已经无从考证。

不过，加拿大"大脚怪"研究者约翰·格林表示，即使这部短片是伪造的，也不足以否定大脚怪在北美洲的存在。

加拿大大脚怪是野牛

加拿大西部人迹稀少，这一带丛林密集，一直被认为是大脚怪出没的地方。

本周早些时候，两个徒步旅行者声称，他们在育空首府怀特霍斯以东160千米的一片森林里看见了大脚怪，他身材高大，浑身长满茸毛，看起来像猿。

两位目击者说，大脚怪行动非常迅速，发现异样后，很快就躲进丛林里不见了，但他们幸运地找到了大脚怪留下的毛发。

埃德蒙顿的阿尔伯塔大学野生动物遗传专家戴维·柯特曼经常与育空地区的野生动物专家进行合作，他同意对神秘毛发进行DNA检测，然后再将其DNA排序与所知的生物进行比较。

然而，测试结果表明，这撮毛发根本不属于

什么神秘的大脚怪。

柯特曼说："通过测试我们发现，这些毛发的DNA排序与北美野牛几乎完全一样。所以，这根本不是什么大脚怪的毛发，而是野牛身上的鬃毛。"

专家学者的观点

虽然不少科学家认为大脚怪是虚妄之谈，但有些报道不能不引起人们的注意。有专家认为，大脚怪可能都是误传。到目前为止，各种大脚怪虽然传闻很盛，但总是只闻其名，未见其人。

中国科学院古脊椎动物与古人类研究所研究员、博士，中国古动物馆馆长王原认为："生物的演化具有不可逆性，已经灭绝的生物不会重新出现。虽然我们不能排除在这个地球上，还有很多我们人类没有开发到的地方，但如果一种原始的大型物种与我们人类共同生活了几百万年还没有被发现，这的确是一个概率十分小的事件。"

综合这些疑问，他觉得大脚怪的传说可能都是误传。王原的专业领域是古两栖动物学研究、古生物学科学普及工作，他的话有一定的代表性，也有巨大的影响力，因此，到目前为止，北美到底有没有大脚怪还是一个谜。

国际野生动植物保护协会创始人柏恩指出，"大脚怪"有与没有需要时间去检验，不是某一个专家凭臆断能够确定的，但由于其经常出没于人迹罕至的深山密林，要发现它们的行踪确实非常困难。

有关野人的新发现

发现脚印

1997年入冬以来，神农架的探险英雄张金星野宿在神农架国家级自然保护区暨国际人与生物圈保护网的核心区，他在方圆几百平方千米范围内，设置了若干个观察哨所。

张金星，山西省榆次人，我国民间野人探索第一人。自1994年起自费到神农架寻找野人，多年来，他采集了100多根可疑毛发，发现了3000多个可疑脚印，其中最大的0.44米，最小的0.23米，并灌制了30多个石膏脚印模型。

无论是冰天雪地零下二三十度的隆冬季节，还是风雨交加、猛兽长啸的春夏之夜，他都坚持一个人独自静静观察。悬崖下、山洞里、大树旁，支起一顶小帐篷，铺上一个睡袋便是他的家。

1997年的一天，他又有了新的发现。他手舞足蹈地扳着指头数着雪地里新鲜而

清晰的野人脚印，心情异常激动。仅那一天，他就发现了40多个鲜明的赤脚印。

这一带几万千米渺无人烟，当时气温在零下20度左右，张金星穿着别人捐赠的皮衣、皮裤、皮靴还冷得直发抖，有哪一个人敢在这海拔2000多米的林海雪原上赤脚行走？

脚印特点

自1997年冬季以来，张金星在神农架的雪地和雨后的泥地里多次发现了野人的大脚印，清晰的赤脚印共有100多个，趾印是卵圆形，与人的一样。与人脚不同的是其脚趾分散，大拇指与其他4趾斜叉开成30度左右角，这些实在与中非共和国原始森林里赤身裸体的原始部族——俾格曼矮人的脚印太相似了。

所不同的是俾格曼人的脚很小，成年人的脚印都小于0.2米，而张金星发现的神农架野人的脚印最长的达0.43米。按现代人的身高与脚印的比例推算，脚掌达0.43米的当为巨型野人，身高约为3米。

在100多个脚印中，最小的为0.09米，按比例推算这是一个身高为0.6米的小野人，其年龄大约仅1岁。这说明野人是全家大小一起外出活动的。

小野人的发现，证明野人尚有繁衍后代的能力，它也说明野人在神农架地区短时期内是不会灭绝的，如果这种推测是合理的话，那么，张金星的发现是非常令人鼓舞的。

图书在版编目（CIP）数据

野人传说的追踪记录：野人领地考察 / 韩德复编著
. -- 北京：现代出版社，2014.5
ISBN 978-7-5143-2640-6

Ⅰ. ①野… Ⅱ. ①韩… Ⅲ. ①人科－普及读物 Ⅳ.
①Q98-49

中国版本图书馆CIP数据核字(2014)第072456号

野人传说的追踪记录：野人领地考察

作　　者：韩德复
责任编辑：王敬一
出版发行：现代出版社
通讯地址：北京市定安门外安华里504号
邮政编码：100011
电　　话：010-64267325 64245264（传真）
网　　址：www.1980xd.com
电子邮箱：xiandai@cnpitc.com.cn
印　　刷：汇昌印刷（天津）有限公司
开　　本：700mm×1000mm　1/16
印　　张：10
版　　次：2014年7月第1版　2021年3月第3次印刷
书　　号：ISBN 978-7-5143-2640-6
定　　价：29.80元